MÉMOIRE

SUR

LA MEILLEURE MÉTHODE

D'EXTRAIRE ET DE RAFFINER

LE SALPÊTRE.

Par M. TRONSON DU COUDRAY,
Capitaine au Corps de l'Artillerie.

A UPSAL,

Et se trouve A PARIS,

Chez RUAULT, Libraire, rue de la Harpe.

MDCCLXXIV.

LE Mémoire qui suit, n'est qu'une partie d'un travail considérable que j'avois commencé sur la poudre, il y a environ quatre ans. J'avois entrepris de rassembler tout ce qui pouvoit contribuer à la connoissance & à la perfection de cet agent.

Je me proposois de déterminer d'abord la nature des matieres qui composent la poudre, de détailler les préparations que ces matieres subissent, avant d'être admises comme ingrédiens, dans sa fabrication, & d'exposer la maniere dont on les mêle pour former ce composé.

La nature des ingrédiens de la poudre, & sa fabrication connus, j'analisois les produits qui restent après l'explosion ; j'examinois comment ces substances différentes agissent les unes sur les autres, pour concourir à l'action totale de la détonation ; en quoi elles aident à cette détonation, & en quoi elles y nuisent.

Je tentois ensuite de dévoiler le principe de cette force si prodigieusement supérieure aux forces ordinaires ; j'essayois de mesurer & de rendre raison de de ses effets.

Je terminois par traiter de la perfectibilité de la poudre ; par examiner s'il est possible de produire une composition plus rapidement inflammable, moins susceptible d'altération, d'un usage plus commode, capable d'une détonation plus violente, ou qui, sans posséder éminemment toutes ces qualités à la fois, se montrât préférable à la poudre connue par quelqu'un de ces avantages.

Cette longue tâche remplie en partie, m'avoit fait espérer pour l'accomplir, des facilités qui étoient au-dessus de mon pouvoir. Ces facilités m'ayant manqué,

M. Macquer, à qui j'ai singuliérement obligation des connoissances de chymie que j'ai cherché à prendre relativement à l'artillerie, m'engagea à communiquer à l'Académie des Sciences quelques portions de mon travail. Je crus voir dans un suffrage aussi imposant les moyens pour le terminer, que je ne pouvois me procurer d'ailleurs. Mais les circonstances m'ayant mis hors de toute possibilité à cet égard, & mes occupations m'éloignant de plus en plus de cette entreprise, je ne songe plus qu'à aider ceux qui, avec des facilités dont j'ai manqué, voudront remplir un plan pareil, ou analogue au mien.

C'est dans cette vue que je me suis prête à ce qu'on imprimât séparément le Mémoire suivant, & je m'y suis d'autant plus volontiers déterminé que le témoignage avantageux que Messieurs de l'Académie & plusieurs Journalistes avoient bien voulu rendre des parties de ce travail, qui leur avoient été communiquées, avoit inspiré à plusieurs Officiers d'Artillerie & de Marine, & à plusieurs Artistes, le desir de les connoître, & que la collection des Savans Etrangers à laquelle ce Mémoire étoit destiné, n'est ni commode, ni d'une acquisition facile.

TABLE

Des Objets qui font traités dans ce Mémoire.

Fin de la Table.

MÉMOIRE,

MÉMOIRE,

Sur la meilleure Méthode d'extraire & de raffiner le Salpêtre.

CE Mémoire n'a point pour objet les questions agitées par MM. Stal, Lemery, Pietchs, Venel, sur l'origine du Salpêtre ; questions qui partagent encore les Chymistes, & dont la solution est au-dessus de ma portée, & peut-être assez indifférente.

Attaché à cette branche du service qui fait à la guerre la principale consommation de la poudre, & qui est chargée dans les Armées de la conservation & de la distribution de cet important dépôt, quoiqu'elle ne le soit pas en France de

A

fa fabrication, j'ai cherché à perfection-
ner cet inftrument de gloire & de def-
truction, à le rendre fi non plus actif, au
moins plus facile à conferver. J'ai con-
fidéré dans le Salpêtre l'ame de la poudre,
& dans la maniere dont on le travaille,
la caufe principale des défauts qui nui-
fent à la portée, & fur-tout à la confer-
vation de la Poudre, bien plus importante
que la portée.

J'ai voulu effayer de mettre les Salpétriers & les Raffineurs en état de mieux
opérer, en éclairant leurs travaux par les
lumieres de la chymie, qui pénétrent ra-
rement dans leurs atteliers. Je me fuis
borné aux objets de pratique qui les con-
cernent ; favoir, l'extraction & le raffinage du Salpêtre. Ce Mémoire eft l'af-
femblage des expériences & des obfervations que j'ai faites fur ces deux objets.
Je commence par l'extraction, en com-
prenant fous ce nom tout ce qui eft l'ouvrage du Salpétrier, c'eft-à-dire, la leffive des terres nitreufes & les opérations

néceſſaires pour amener cette leſſive à criſtalliſation.

Il y a en France pluſieurs méthodes d'extraire le Salpêtre.

A Paris, on mêle aux platras nitreux qu'on leſſive, un tiers de cendres qui ſont ordinairement de bois flotté. Lorſque la leſſive eſt environ à moitié cuite, on y verſe une diſſolution de colle de Flandre, qui la purifie d'une partie des matieres graſſes qui y ont paſſé avec les ſels des platras. S'il ſe dépoſe du ſel marin après cette opération, on l'enléve ; car il ne s'en dépoſe pas toujours : enſuite on verſe la cuite dans des baſſins pour la faire criſtalliſer.

Expoſition des différentes methodes d'extraire le Salpêtre.

En Lorraine & dans les Trois Evêchés, on leſſive les terres nitreuſes ſans y mêler de cendres ; & on cuit la leſſive ſans la coller ; mais lorſquelle approche de ſon point de réduction, on la jette dans un cuvier garni de bonnes cendres, qu'on nomme rapuroir ; on agite la liqueur, on la mêle avec les cendres ; on recouvre

A 2

le cuvier, de maniere que la cuite garde la chaleur néceffaire pour que les cendres agiffent fur elle avec la plus grande effi- cacité ; & lorfqu'elle a féjourné deux à trois heures dans ce rapuroir, on la laiffe couler pár un trou dans les baffins où elle va criftallifer.

En Languedoc & en Provence, on opére encore différemment. On leffive les terres, comme en Lorraine, fans ad- dition de cendres. Lorfque la leffive eft réduite à moitié par l'ébullition, on la paffe fur des cendres de tamarifc, ef- péce d'arbriffeau qui croît dans ces Pro- vinces ; ces cendres font employées à cet ufage par les Salpétriers du Pays, à l'exclufion de toute autre efpéce de cendres ; on rejette enfuite la cuite dans la chaudiere, où elle acheve de fe con- centrer au point requis ; on la verfe alors dans une auge de bois où elle refte environ vingt - quatre heures, pendant lefquelles elle dépofe d'elle-même une partie confi- dérable du fel marin qu'elle peut tenir. On la fait enfin paſſer dans de grands vaſes de terre où elle criſtalliſe.

Il ſe peut que dans d'autres Provinces de France il y ait encore d'autres manieres d'opérer dans l'extraction du Salpêtre ; mais je n'ai point été à portée de m'en inſtruire. Car, dans tout ce qui concerne la fabrication des poudres dans le Royaume, il eſt plutôt queſtion d'uſages établis que de méthodes raiſonnées ou prouvées par l'expérience ; & les uſages varient, comme on fait, en paſſant d'une Province à l'autre, ſouvent ſans pouvoir déterminer comment, ni pourquoi. Cette variation dans les Salpétrieres & dans les Raffineries, ſans que ceux qui en exécutent ou qui en dirigent les opérations, puiſſent en donner une ſeule raiſon, n'eſt pas un des vices des moins choquans de l'adminiſtration des poudres.

En Allemagne, au moins dans pluſieurs Provinces , on joint de la chaux aux cendres dans la leſſive des terres nitreuſes. Je ne ſais comment ſe fait la cuite, fi l'on colle ou fi l'on rapure, ou fi l'on ne fait ni l'un ni l'autre.

J'ignore fi en Suéde on fait entrer la chaux dans le leffivage ; je fuis feulement certain, par une lettre de M. Bergman, Profeffeur de Chymie à Upfal, que M. Macquer a bien vonlu me montrer, qu'on n'employe pas de cendres dans cette opération, au moins à Upfal, où l'on fabrique annuellement trente milliers de Salpêtre. Je n'ai d'ailleurs aucun détail fur la maniere dont la leffive & les cuites fe conduifent.

Dans ces différens procédés des Salpétriers des divers Pays, il faut diftinguer ceux qui appartiennent à l'extraction du Salpêtre proprement dite, qui fe fait par la leffive des matieres qui le contiennent, d'avec ceux qui appartiennent à la cuite de cette leffive & à la purification que le Salpêtrier fait de cette cuite, pour l'amener à criftallifation. Arrêtons-nous d'abord à ce qui appartient à l'extraction du Salpêtre ou à la leffive des terres nitreufes.

Les différences entre les procédés qui regardent cette premiere partie des opérations du Salpêtrier, confistent principalement dans l'ufage des cendres ou de la chaux qu'on ajoute ou qu'on n'ajoute pas aux terres nitreufes en les leffivant. J'ai commencé par examiner ces différences.

J'ai fait pour cela mêler un tas de terres nitreufes, qui, par ce mêlange font devenues fenfiblement homogènes ; je les ai partagées en trois portions égales dans trois tonneaux d'une capacité approchante des muids de Paris.

Expériences fur les effets des cendres & de la chaux dans la leffive des terres nitreufes.

Dans le premier, j'ai ajouté un boiffeau de cendres de bois de hêtre neuf.

Dans le fecond, j'ai mêlé à la même quantité de cendres un demi-boiffeau de chaux.

Dans le troifiéme, je n'ai ajouté ni cendres ni chaux.

J'ai leffivé & j'ai pris quarante pintes de chacune de ces leffives, que j'ai fait réduire jufqu'au même point.

La premiere avec des cendres, m'a

donné dix - sept onces de Salpêtre assez blanc, bien cristallisé, & un sédiment terreux qui n'étoit pas considérable.

J'ai eu de la seconde avec des cendres & de la chaux, dix - huit onces quatre gros d'un Salpêtre encore plus blanc, mais moins ferme que le précédent, & un sédiment blanchâtre fort abondant, lequel étoit de la chaux fondue.

La troisiéme faite sur les terres ni-treuses, sans aucune addition, m'a rendu dix - neuf onces sept gros de Salpêtre moins blanc que les deux autres, moins ferme que le premier, plus que le second, & un peu de sédiment.

Ces épreuves recommencées deux autres fois, ont donné des quantités peu différentes, mais toujours les mêmes proportions ; & l'avantage pour la fermeté, est constamment demeuré au Salpêtre qui étoit extrait avec des cendres ; pour la blancheur, à celui extrait avec de la chaux & des cendres ; & pour la quantité à celui extrait sans chaux ni cendres.

Je ne parle pas ici des eaux-meres de ces criſtalliſations, parce qu'elles étoient ſenſiblement les mêmes, & que d'ailleurs elles n'entroient pas encore dans ce que je me propoſois de découvrir. Il ſera queſtion des eaux-meres dans la ſuite de ce Mémoire.

J'obſerverai ſeulement que la leſſive où la cendre entroit, ainſi que celle où entroit la chaux, montroient un dépôt de ſel marin qui ne ſe trouvoit pas dans la derniere. Je reviendrai ſur cette particularité intéreſſante.

En laiſſant de côté toutes les queſtions qui diviſent les Chimiſtes ſur l'origine du Salpêtre & ſur celle de l'alcali fixe, leſquelles n'appartiennent qu'à la théorie, ou qui dans cet inſtant ne paroiſſent regarder qu'elle, on voit que les cendres que le Salpétrier de Paris mêle aux terres nitreuſes qu'il leſſive, ne ſont pas néceſſaires pour l'extraction du Salpêtre.

Concluſions tirées des effets de ces expérien-ces.

Ce réſultat, au reſte, ne pouvoit me ſurprendre après la lettre de M. Bergman,

L'occasion que j'ai eu depuis de vérifier ce que M. Venel dit dans l'Encyclopédie de l'extraction du Salpêtre, en Languedoc & en Provence, sans le secours d'aucun alcali, est venue encore à l'appui de ce resultat. J'en parlerai bientôt.

En attendant, je crois pouvoir conclure que dans les Pays où la rareté du bois rend la cendre chere, on ne doit pas craindre de monter une Salpêtriere, si les terres sont riches; pourvu toutes fois que le Salpêtre ne soit pas trop embarrassé dans des matieres grasses : alors je présume que les lessives faites sans cendres seroient peu fructueuses.

Car on voit que l'utilité principale des cendres mêlées dans les terres nitreuses, est de dépouiller le Salpêtre des matieres grasses, auxquelles il est mêlé dans sa matrice. Cette propriété des cendres est celle de tout alcali.

Je ne nie pas pour cela que dans les mêmes terres nitreuses que le Salpétrier lessive, & dans d'autres matieres, il n'y

ait du nitre tout formé par la nature à
bafe terreufe, à qui l'alcali des cendres
faffe quitter cette bafe terreufe pour adopter celle qui doit le conftituer vraiment
Salpêtre (1). Je dis feulement que la plus
grande partie du nitre exiftant dans les
terres nitreufes eft à bafe d'alcali fixe végétal, comme il eft dans les plantes nitreufes & fur les murailles où on le rencontre
criftallifé. L'expérience me l'a prouvé
d'une maniere foutenue, & je me borne
aux conclufions relatives à la pratique.

Quant à ce qui regarde la chaux, je
crois qu'on fera plus facilement d'accord
fur fa véritable fonction dans l'extraction

---

(1) J'ai cru devoir faire dans toute la fuite de ce Mémoire une diftinction entre les mots *Nitre* & *Salpêtre*
employés jufqu'ici comme fynonymes; ce qui jette fouvent du louche dans le difcours. Pour éviter tout em-
barras, je fixe au terme *Nitre*, l'idée générale d'un fel
neutre qui a pour acide, l'acide nitreux, quelque foit fa
bafe, & au terme *Salpêtre*, l'idée de ce fel neutre, qui
ayant pour acide, l'acide nitreux, a l'alcali fixe végétal
pour bafe.

du Salpêtre ; & que tout le monde conviendra qu'elle ne contribue en rien à cette extraction, c'est-à-dire, à faire qu'il existe dans le produit plus ou moins de Salpêtre, & que si la lessive où j'avois mêlé de la chaux aux terres nitreuses, avoit fourni un Salpêtre plus blanc, cela provenoit 1°. de la propriété que la chaux a d'aiguiser les alcalis, comme on le voit dans la lessive des Savoniers; 2°. d'une autre propriété qu'elle a comme terre absorbante, de s'unir aux matieres grasses, & de les emporter.

Mais ce Salpêtre plus blanc est-il plus pur? Je l'aurois pensé, si je n'avois consulté que mes yeux; mais comme sous le doigt il avoit évidemment moins de corps, qu'il eût plus de peine à s'égouter, & que dans un endroit assez sec il attiroit puissamment l'humidité, j'ai conclu avec vraisemblance, que la chaux débarrassant le Salpêtre des matieres grasses, une partie de cette chaux prenoit leur place, & formoit un nitre à base terreuse, consé-

quemment très-déliquefcent, lequel fe
méloit dans la criftallifation, & l'altéroit
d'une maniere beaucoup plus dangereufe
que les matieres graffes, puifque la colle
dans les rafinages enlevoit ces matieres
graffes avec affez de facilité, fans pouvoir
exercer aucune action fur ce nitre à bafe
terreufe, & que d'ailleurs ce nitre étant
d'une nature plus analogue au Salpêtre,
devoit y adhérer avec plus de force, &
préfenter moins de moyens de féparation.

Quant à ce qui concerne la quantité du
produit de chacune de ces épreuves, il eft
facile de concevoir, d'après les obfervations précédentes, 1°. que la cendre féparant le Salpêtre à la fois des matieres
graffes & terreufes, & donnant le réfultat le plus pur, devoit donner le réfultat
le moins abondant, en avouant même
qu'elle fournit une bafe d'alcali fixe à
quelque portion d'acide nitreux devenue
libre par elle.

2°. Que la chaux ne féparant que les
matieres graffes, & fe mêlant elle-même

dans la criftallifation du Salpêtre, devoit fournir un réfultat plus abondant, par la raifon qu'il étoit moins pur que le précédent.

3°. Que le troifiéme produit où le Salpêtre étoit mêlé à toutes les matieres que l'eau avoit pu entraîner dans la leffive, étant le plus impur, devoit être le plus confidérable.

Après avoir examiné les effets de la cendre & de la chaux dans le leffivage des terres nitreufes, il refte, pour achever de déterminer ce qui regarde le travail du Salpétrier, à confidérer les effets des cendres employées par les uns, & de la colle employée par les autres, de la purification qu'ils font obligés de faire de leur cuite, pour l'amener à criftallifer, au moins avec plus de facilité.

Les effets de la colle que parmi les Salpétriers des autres Pays, dont nous avons parlé, celui de Paris emploie tout feul, font connus. La colle étant une matiere animale, fe diffout d'abord dans l'eau chaude ; mais ne pouvant foutenir long-temps la chaleur de l'eau bouillante fans fe coaguler, elle revient à la furface, & faifant fonction de filtre, elle ramene avec elle les matieres graffes, qui, dégagées des fels avec lefquels elles ont moins d'affinité, forment un enfemble fpécifiquement plus léger que la liqueur pefante dans laquelle elles étoient difperfées.

Les effets de la colle pour la purification ou le rapurage de la cuite étant connus, il faut les comparer avec ceux des cendres qu'emploient en France, pour le même objet, les Salpétriers de Lorraine, de Languedoc & de Provence.

Mais il eft très-important de ne pas confondre le procédé des Salpétriers de ces deux Provinces, avec celui des Salpétriers de Lorraine. Les uns & les autres fe fervent de cendres, mais le dernier employe indifféremment les cendres de toute efpéce de bois que produit fon pays. Il donne feulement la préférence à celles qui proviennent des bois durs, tels que le chêne, le faux, &c. qui font généralement plus riches en alcali.

Ceux de Languedoc & de Provence rejettent toutes ces efpéces de cendres, & n'employent que celles de tamarifc, & quand cet arbre ne croît pas à leur portée, ils en vont chercher les cendres au loin.

Il feroit donc important, avant d'aller plus loin, de fixer les idées fur les propriétés particulieres qu'ont, ou peuvent avoir, ces cendres, relativement aux leffives nitreufes.

M. Venel nous affure, d'après lui & d'après M. Montet, de l'Academie de Montpellier, que ces cendres ne contiennent pas un atome d'alcali fixe. Je l'ai moi-même éprouvé en Languedoc, en évaporant une leffive de ces cendres, & en mettant le fel qui en provint à toutes les épreuves qui pouvoient décéler fa nature alcaline. J'ai été par-là bien certain que les cendres de tamarifc avoient des propriétés totalement différentes de celles des autres cendres dans les leffives nitreufes, & que le fel qui en provenoit, étant de vrai fel de Glauber, ne pouvoit

faire

faire changer de bafe aux portions d'acide
nitreux, qui, dans ces leffives, peuvent
être, ou font engagées dans des bafes
calcaires : mais c'eft tout ce que j'ai pu
connoître. Pour faire des recherces ulté-
rieures fur des propriétés qui juftifie-
roient le choix exclufif que les Salpétriers
font de ces cendres, pour purifier ou rapurer leurs leffives, il auroit fallu faire
une fuite d'épreuves, qui me font devenues impoffibles, à caufe de l'inaction,
où les grandes chaleurs tenoient alors
toutes les Salpétrieres & les Raffineries du
Languedoc & de la Provence.

Il a donc fallu me borner à la com-
paraifon de la maniere d'opérer, en ufage
à Paris, pour rapurer la cuite avec celle
qui fe pratique en Lorraine ; à la compa-
raifon des effets de la colle avec ceux de
la cendre à fel alcali végétal.

Mais l'obfervation que les expériences
précédentes m'avoient données fur la
chaux, qui, mêlée aux terres nitreufes
& aux cendres, avoit fourni un Salpêtre

plus blanc , mais plus mou & fort déliquefcent , avoit ramené mes idées au
Salpêtre d'un nommé M. Julien, qu'on
m'avoit montré à l'Arfenal de Paris; lequel s'étant trouvé fort blanc , mais fort
mal criftallifé & fort déliquefcent, n'avoit
pas à beaucoup près rempli les promeſſes
que cet Artifte avoit faites. Comme il
avoit pris toutes les précautions poſſibles
pour cacher fon important fecret , on
n'avoit pu me dire rien qui me conduisît
à deviner comment il s'y étoit pris. Mais
le Salpêtre qui m'étoit réfulté par l'interméde de la chaux, m'ayant fait croire que
j'avois rencontré le moyen dont il s'étoit
fervi , j'ai voulu m'en aſſurer, en même
temps que j'éprouverois l'efficacité des
cendres pour le rapurage de la cuite.

*Expérien-
ces fur les
effets des
cendres &
de la chaux
pour le ra-
purage de la
cuite du Sal-
pêtrier.*

J'ai donc pris trois terrines , j'ai fait
verfer dans chacune une pinte & demie
de cuite , prête à être jettée dans le rapuroir. Cette cuite provenoit d'une leffive faite de terres nitreufes , fans mêlange de chaux ni de cendres.

Dans la premiere, j'ai fait mettre une forte poignée de cendres de bois neuf.

Dans la feconde, une pareille quantité de cendres, & j'y ajoutai une demi - poignée de chaux.

Dans la troifiéme, je n'ai rien ajouté à la cuite.

La premiere, avec des cendres feulement, m'a donné cinq onces cinq gros de Salpêtre.

La feconde, avec cendres & chaux, a produit fix onces deux grains.

La troifiéme, fans cendres ni chaux, a rendu fept onces quatre grains.

Le Salpêtre rapuré par la cendre étoit le plus ferme ; celui rapuré par la chaux, étoit le plus blanc, mais fort mou ; celui où je n'avois mêlé ni cendres ni chaux, étoit moins ferme & moins blanc que le premier ; mais plus ferme & moins blanc que le fecond.

J'ai recommencé cette épreuve fur la cuite fuivante. La quantité des produits a été fort differente : car cette cuite a

rendu prefque moitié plus que l'autre ;
mais ce qui m'intéreffoit, c'eft que va-
riant fur la quantité, les réfultats ont été
les mêmes pour la qualité.

Conclu-
fions tirées
des effets de
ces expé-
riences. Je me fuis donc confirmé dans les
principes que les expériences fur l'extrac-
tion du Salpêtre m'avoient donné, par rapport à l'effet des cendres & de la chaux
pour débarraffer le Salpêtre des matieres
graffes ; & en revenant fur l'idée que je
m'étois formée de la maniere de rafiner
de M. Julien, je me fuis perfuadé encore
davantage que la chaux étoit l'interméde
dont il s'étoit fervi ; & j'ai conclu qu'il
ne falloit pas chercher d'autre raifon de
la blancheur extrême de fon Salpêtre &
de fa déliquefcence, qualités qui ne fe
préfentant pas ordinairement enfemble,
ont pu abufer l'Inventeur de cette méthode, & lui faire croire à lui-même,
au moins jufqu'à ce qu'il eût gardé de ce
Salpêtre un certain temps, qu'il avoit fait
une d'autant plus belle découverte, que
par les parties de chaux qui fe mêloient

au Salpêtre, il devoit avoir environ un tiers de déchet de moins que les raffinages ordinaires ne donnent.

Mais ce qui attira plus particulierement mon attention, ce fut le dépôt confidérable de fel marin , qui fe trouvoit au fond des deux terrines , où la cendre avoit été mêlée à la cuite ; tandis qu'il ne s'en trouvoit point dans celle où la cuite avoit été verfée pure.

On a vu dans les épreuves précédentes, que la cuite de la leffive où la cendre étoit entrée , ainfi que celle où la chaux étoit jointe aux cendres, avoient auffi annoncé un dépôt de fel, à la vérité affez foible ; tandis que la cuite de la leffive faite fans addition de cendres ni chaux, n'en avoit pas rendu.

Je me fuis attaché à chercher la caufe de ces différences, dans l'efpérance qu'elle me conduiroit au moyen de délivrer le Salpêtre du fel marin. Voici comme j'ai raifonné à ce fujet.

On fait que c'eft l'évaporation qui fait

précipiter le sel marin, lequel se forme d'abord à la surface de la liqueur où il est dissous, parce que c'est par la surface que l'évaporation se fait, & qu'il tombe ensuite au fond par la réunion des molécules cristallisées, qui forment alors des assemblages spécifiquement plus pésans que la liqueur sur laquelle elles nagent.

Mais il est évident que la nature de la liqueur doit influer beaucoup sur cette précipitation & sur la réunion des molécules cristallisées qui la précéde & qui la décide. Si elle est fort chargée de matieres grasses, le sel ne doit pas se précipiter, parce que ses molécules seront tenues divisées, & que si quelques unes se réunissent, elles doivent demeurer soutenues dans cette liqueur pesante.

D'après ces idées, j'ai imaginé que le dépôt de sel marin qui s'étoit fait dans les cuites, où les cendres & la chaux étoient entrées, n'étoit dû qu'au dégraissage, où ces cuites étoient parvenues par ces intermédes. Aussi, ce que la cendre

& la chaux avoient produit dans mes terrines, la cendre feule le produit dans le
rapuroir du Salpétrier de Lorraine. La
cuite, avant d'y avoir féjourné, ne rend
jamais de fel, à quelque degré d'évaporation qu'on la porte. J'en ai fait évaporer que je favois tenir fûrement beaucoup de fel, jufqu'au point d'en *brûler**
le Salpêtre, fans que le fel ait paru. Et
ce n'étoit pas l'ébulition qui empêchoit
la précipitation; car la cuite étant parve-
nue à fon point ordinaire d'évaporation,
je n'avois laiffé de feu que pour continuer
cette évaporation fans le fecours de
l'ébulition.

Ces cuites, qui ne rendent jamais de
fel dans la chaudiere, en dépofent dans
le rapuroir une quantité affez foible à la
vérité, mais une très - confidérable dans
les baffins où la criftallifation de la cuite
fe fait. Il eft évident, ce me femble, que

---

* Terme que les Ouvriers emploient pour exprimer
que la cuite eft defféchée au point de ne pouvoir plus
fournir de criftallifation.

la raifon du dépôt qui fe fait dans le rapuroir & dans les baffins, eft le même
que celle du dépôt qui reftoit dans mes
terrines.

Il eft facile maintenant d'expliquer
pourquoi le Salpétrier de Paris tire prefque toujours du fel de fa cuite, & pourquoi le Salpétrier de Lorraine n'en tire
jamais. Le premier dégraiffe fa cuite
avant de la tirer de la chaudiere, &
l'autre ne la dégraiffe qu'après l'avoir
tirée. Il eft inconteftable, qu'à cet égard,
le premier opere mieux que le fecond,
parce que fon Salpêtre fe trouve par là
beaucoup moins chargé de fel. Mais fait-
il bien d'employer la colle pour fon dégraiffage ? & ne feroit-il pas mieux de fe
fervir de cendres, comme le fait le Salpétrier Lorrain ?

La colle enleve bien les matieres
graffes; mais il me femble que l'acide nitreux engagé dans ces matieres, n'ayant
plus de bafe, doit fe diffiper, & que ce
fera autant de perdu pour la cuite. Au

lieu qu’en dégraiffant avec de la cendre ; il eft probable que l’acide nitreux qui fe trouveroit libre , venant à rencontrer de l’alcali , s’y attacherà & formera du Sal-pêtre.

L’expérience ne m’a fourni aucune certitude de ce que j’avance. Mais je fuis fondé fur la doctrine des affinités, qui paroît affez concluante fur cet objet. Je le fuis encore fur l’obfervation que j’ai faite chez les Salpétriers de Paris , de cette odeur fade & nauféabonde qui régne dans leurs atteliers ; odeur que je n’ai pas remarquée au même point , à beaucoup près , chez les Salpétriers de Lorraine. On n’auroit fûrement befoin d’aucune expérience , fi dans le rapuroir on employoit un alcali affez abondant pour qu’il ne reftât point d’acide libre , après que les graiffes font emportées. Mais c’eft ce qu’il ne faut pas penfer à obtenir ; car j’ai effayé de forcer la dofe de cendres ; j’ai eu un déchet de plus de cinquante pour cent fur ce que j’aurois obtenu de Salpêtre par le traitement ordinaire. Au lieu de forcer la dofe de cendres , on pourroit opérer avec une leffive d'alcali fort rapprochée , telle que la leffive des Savoniers & la liqueur de la potaffe. Mais il feroit à craindre que les frais paffaffent beaucoup le profit. Peut-être cette idée feroit-elle bonne dans les Pays très-abondans en bois , où l'on fait la potaffe.

Il refte à objecter que deux livres & demie de colle de Flandre que le Salpétrier de Paris jette dans fa cuite , lui coûtent beaucoup moins que ne feroit la quantité de cendres qui remplaceroit cette colle.

Ceci eft une affaire de calcul, qu'il n'eft pas difficile de réfoudre , mais dont la folution varie , fuivant les lieux. Deux ou trois épreuves conftateroient l'avantage ou la perte. Mais fi on réfléchit que l'on ne rapure précifément que la portion de la cuite qui doit criftallifer, c'eft-à-dire à Paris , environ le quinziéme de la cuite , on ne s'alarmera pas de cette dépenſe ; ne rétranchât - t’on pas même l’opération de coller, qui commenceroit à enlever les parties graſſes les plus groſ-ſieres, & qui diſpoſeroit la cuite à rece-voir avec plus d’efficacité l’action de la cendre.

Au reſte, on croira facilement que cette augmention de dépenſe ne montera pas bien haut, ſur - tout ſi l’expérience venoit à prouver, ce que j’ai avancé tout-à-l’heure, que le rapurage par la cendre avoit, ſur celui par la colle, l’avantage de préſenter à l’acide nitreux, débarraſſé des matieres graſſes, une baſe qui le fi-xoit & qui le faiſoit Salpêtre. Car il y au-roit alors bénéfice à cet égard ſur le ra-purage par la colle.

D’ailleurs, y eût- il pour le Salpétrier augmentation de dépenſe, ce ne ſeroit pas une raiſon de rejetter l’uſage du rapuroir, une fois prouvé qu’il eſt avantageux. Car, ſi cet Ouvrier préſente moins de Sal-pêtre, mais que ſon Salpêtre ſoit plus beau, on ne doit pas craindre de le payer davantage. Ceux à qui il le vend, en le payant plus cher, y gagneroient plus que lui, par la facilité dont les raffinages leur deviendroient. Il eſt vrai qu'il faudroit ſuppoſer qu'ils ſe piquaſſent d'obtenir des Salpêtres très-purs après ces raffinages.

Voilà tout ce que j'ai obſervé & eſſayé de nouveau ſur les opérations du Salpétrier. Les idées que j'ai préſentées, d'après les expériences réitérées qui les appuyent, me paroiſſent déciſives pour la perfection des Salpêttes de premiere cuite. Mais on va voir qu'elles offrent des conſéquences plus importantes dans le travail du raffinage, puiſque c'eſt de lui que dépend le degré de pureté où le Salpêtre ſe trouve dans la fabrication de la poudre.

Des raffi-
nages.

Quoique le raffinage ſe faſſe en Lorraine comme à Paris, quant au fond du procédé, il ne laiſſe pas de régner des différences, leſquelles décident de la pureté des Salpêtres, qui en effet ſont plus beaux en Lorraine qu'à Paris.

Le raffina-
ge de Paris

Le Raffineur de Paris donne à trois

mille fix cens livres de Salpêtre trois heures pour fondre , & lorfqu'il a emporté les matieres graffes que l'ébulition a fait monter en écumes , il jette dans fon bain une diffolution de colle de Flandre, qui, en fe coagulant, ramene à la furface de nouvelles matieres graffes. Ces écumes enlévées, il jette quatre fceaux d'eau froide ; il écume encore une fois ; il laiffe enfuite raffeoir fon bain, puis il tire fa cuite. Ces opérations durent deux heures ; en comptant les trois autres heures qu'il employe à fondre, il fe trouve qu'en cinq heures il a raffiné trois mille fix cens livres de Salpêtre.

Le Raffineur de Lorraine fe preffe beaucoup moins. Il emploie huit à neuf heures pour raffiner deux mille quatre cens livres de Salpêtre , fans compter le temps qu'il lui donne pour fondre. Quand il a emporté les écumes, que la fufion & l'ébulition ont amenées , il ne jette point fa diffolution de colle & fon eau de rafraichiffement en une fois, comme le Raf-

fineur de Paris , il les jette de quart
d'heure en quart d'heure , faifant fuccé-
der l'un à l'autre ; il ménage beaucoup
plus fon feu ; les collages & les rafraîchiffemens réitérés donnent plus de temps
aux graiffes de fe détacher , & l'on fait
que dans toutes les opérations où il s'a-
git de féparer des fubftances hétérogènes
qui ont contracté une union forte , il
vaut infiniment mieux opérer lentement
& par fucceffion. Cette marche approche
plus de celle de la nature. Son raffinage
en total dure douze à quatorze heures.
Auffi les Salpêtres de Lorraine font
beaucoup mieux purgés de graiffes que
ceux de Paris ; on peut dire même qu'ils
n'ont rien à défirer à cet égard. Ainfi,
par - tout où on voudra les avoir auffi
blancs & auffi nets, on n'a qu'à opérer
de même.

Je n'entre pas dans le détail des différences du premier & du fecond raffinage,
parce que ces différences, foit à Paris, foit
en Lorraine, portent plus fur la matiere du

travail que fur le travail lui-même, qui eft abfolument femblable ; à cela près, qu'on met moins d'eau pour le fecond raffinage que pour le premier. Nous parlerons de cette différence au fujet de la féparation du fel.

Il ne s'agit point ici de donner les détails des opérations , mais de rendre compte des obfervations que ces détails ont fait naître, & qu'on croit tendre à la perfection des raffinages. Or, quant à ce qui concerne le dégraiffage, la méthode de Lorraine a paru ne mériter que l'approbation.

Quelques Raffineurs font dans l'ufage de jetter gros comme un œuf d'alun dans leur cuite , imaginant que cette drogue contribue beaucoup à faire monter les matieres graffes ; mais il eft évident qu'une pareille quantité , quelqu'efficacité qu'on fuppofe à l'alun, ne peut pas agir fur une liqueur chargée de trois mille de Salpêtre ; il eft encore plus évident que l'alun venant à fe fondre , fon acide vitriolique s'uni-

De l'ufage de l'alun pour dégraiffer le Salpêtre.

roit à l'alcali du Salpêtre, formeroit un tartre vitriolé, lequel eſt un ſel étranger à ce dernier, & incapable de s'enflammer ; & que la terre argileuſe qui lui ſert de baſe, ne feroit pas une matiere moins étrangere au Salpêtre, ſoit qu'elle s'uniſſe à l'acide nitreux pour former un ſel déliqueſcent, ſoit qu'elle aille ſe dépoſer au fond de la chaudiere. C'eſt une de ces épreuves dont les premieres notions de chymie diſpenſent.

Du dégraiſſage du Salpêtre par l'alun, nous pourrions paſſer à celui qu'on feroit par la chaux. J'en aurois fait l'épreuve, ſi ce que j'en avois eſſayé au ſujet du rapurage, n'avoit ſuffi pour me convaincre combien ce procédé étoit mal entendu. Je renvoye donc à ce que j'en ai dit en cet endroit.

De l'uſage de la chaux pour le même objet.

Si les Salpêtres de Lorraine ſont au-deſſus de ceux de Paris pour le dégraiſſage, ils n'ont ſur ces derniers aucun avantage à l'égard du ſel marin dont ils ſont également infectés ; peut-être même à cet égard leur ſont-ils inférieurs ?

La

La féparation du fel dans le travail du Salpêtre, préfente bien plus de difficultés que celle des matieres graffes, par l'affinité bien plus grande qui exifte entre des matieres falines; elle n'eft cependant pas moins importante, non-feulement à titre de matiere étrangere & non inflammable, mais fur - tout comme attirant l'humidité avec une très-grande force fur le Salpêtre, qui s'effleurit alors à la furface des grains de poudre, & perd ainfi ce mêlange intime, qui, plaçant chaque molécule de Salpêtre près d'une molécule de charbon, décide de la rapidité & du complément de la détonation. Auffi n'ai-je rien épargné pour parvenir à ce que les Salpêtres fuffent parfaitement purgés de fel.

En voyant, à Verdun, les Salpêtres arriver dans la Raffinerie horriblement chargés de fel, comme on imagine qu'ils doivent l'être dans un Pays où les Salpétriers n'en tirent point de leur cuite, ainfi que je l'ai dit plus haut, je ne pou-

C

vois me perſuader que tout ce ſel ſe re-
tirât dans les eaux de ſeconde & de troiſiéme cuite ; de maniere que les Salpêtres de troiſiéme cuite en reſtaſſent
exempts. L'œil ne ſuffit plus alors pour
décider de la préſence du ſel , qui eſt
en molécules trop petites & trop intime-
ment mêlées dans la maſſe de la criſtalliſation pour être apperçu. Le goût même
eſt très - incertain.

 Les Raffineurs eux-mêmes, perſuadés
que l'œil & le palais ſont des juges in-
fidéles , ont une autre règle pour éprouver ſi le Salpêtre tient du ſel ; ils en
jettent un morceau ſur les charbons ardens , & s'il ne décrépite pas , mais qu'il
fuſe , ſur-tout s'il ne crache pas , ils le
regardent comme pur.

J'ai commencé par vérifier cette régle,
qui eſt en effet celle que l'on donne tous
les jours, pour annoncer la préſence du
ſel marin.

 Il y avoit une méthode bien ſimple
de la vérifier ; c'étoit l'épreuve de la diſ-

folution d'argent, qui, jettée fur une diffolution du Salpêtre fufpect, doit découvrir le fel marin par la lune cornée, qui
fe précipite alors au fond de la diffolution. Mais aucun des Salpêtres de trois
cuites n'y réfiftant, j'ai conclu que cette
épreuve pouvoit être très-rigoureufe pour
des travaux en grand, & j'ai pris le parti
de chercher à quel point on pouvoit compter fur l'épreuve ordinaire de jetter le Salpêtre fufpect fur les charbons ardens.

J'ai fondu & cuit à plufieurs reprifes
du fel marin, de maniere à l'avoir très-
pur & en grains extrêmement menus &
prefque impalpables, comme il l'eft dans
les raffinages : mis alors fur les charbons,
il n'a point décrépité, foit qu'il fût fec,
foit qu'il fût humide.

De l'épreuve fur les charbons.

J'ai vu au contraire que du Salpêtre
bien pur décrépitoit, ou du moins crachoit de maniere que ce crachement ref-
fembloit à une décrépitation , lorfqu'il
n'étoit pas bien fec, pourvu qu'il fût en
criftaux d'une certaine épaiffeur. En effet,

La décrépitation eft un figne équivoque de l'exiftance du fel dans le Salpêtre.

la décrépitation n'étant autre chofe qu'un bruit caufé par l'explofion de l'eau comprimée & réduire en vapeur qui s'échappe fubitement, n'appartient pas plus, à ce qui me femble, à l'effence du fel marin, qu'à celle du Salpêtre & des autres fels. Ce premier fel y eft plus fujet que l'autre lorfqu'il eft bien criftallifé, parce que ces criftaux, attirant plus l'humidité, étant formés de couches peu ferrées les unes contre les autres, mais fort dures, & par là fort propres à intercepter & retenir les parties d'eau que l'action du feu réduit en vapeur, font plus favorables à ces explofions que les criftaux du Salpêtre, qui font formés de couches plus compactes, moins avides d'humidité, fe détachant plus facilement les unes des autres, & retenant moins long-temps & avec moins de force les parties d'eau réduites en vapeur.

Suite d'expériences pour découvrir à quel point on J'ai voulu éprouver auffi l'autre point de la régle des Raffineurs, qui dépend de l'action de fufer fur les charbons, j'ai

pris du fel très - pur que j'ai mis en poudre impalpable, en le cuifant avec de
l'eau à grands bouillons ; j'ai obfervé,
1°. que bien féché dans cet état, il ne
décrépitoit ni ne fondoit, lorfqu'on le jet-
toit fur le feu.

2°. Que, fi à deux parties de fel j'en
joignois une de Salpêtre dans la cuite,
l'effet reftoit encore à peu près le même,
c'eft-à-dire, que la préfence du Salpêtre à
cette dofe n'influoit pas fenfiblement.

3°. Mais qu'à parties égales de Salpêtre
& de fel, ce mêlange fondoit affez facilement fur les charbons ardens, rougiffoit,
bouillonnoit, fans cependant donner aucune flamme ; que la liqueur finiffoit par
enduire le charbon d'un très - beau verre
blanc, lequel provenoit de l'alcali marin,
mis dans une fufion complette par l'in-
flammation du Salpêtre.

Je laiffe à part ce dernier effet comme
étranger à mon objet.

4°. En formant ce mêlange d'une partie
de fel & de deux parties de Salpêtre, j'ai

doit comp-
ter fur un
Salpêtre qui
fufe , &
quels font
alors les in-
dices du fel
marin, & de
la quantité
qui en exif-
te.

C 3

remarqué qu'il succédoit au rougissement, au bouillonnement une détonation lente à la vérité, & qui laissoit après elle beaucoup de cette liqueur qui se vitrifioit.

5°. A trois parties de Salpêtre contre une de sel, on obtient une détonation, assez rapide, mais encore précédée par un bouillonnement abondant & de durée, & suivi par un résidu vitrifié blanchâtre, bien marqué.

6°. A quatre parties de Salpêtre contre une de sel, le bouillonnement a encore lieu un certain temps avant la détonation, mais le résidu blanchâtre ne paroît qu'après l'extinction du charbon comme une légere couche de vernis, & la détonation devient sensiblement plus rapide.

7°. A cinq parties de Salpêtre contre une de sel, le résultat n'est pas sensiblement différent.

8°. A six parties de Salpêtre contre une de sel, la détonation est encore précédée par un bouillonnement ; mais il ne reste plus de vestige de verre blanc sur le charbon quand le mélange a détoné.

9°. A sept parties de Salpêtre contre une de sel, on ne voit plus de bouillonnement précéder la détonation, & ce mélange alors n'offre plus à l'œil de différence sensible avec le Salpêtre pur.

Il y en a cependant sûrement, & une bien considérable. Mais je crois qu'on ne peut plus l'apprécier que dans la fabrication de la poudre & par le moyen d'une éprouvette.

Cette suite d'expériences m'a démontré :

1°. combien on se trompe, quand on regarde comme purs de sel les Salpêtres qui ne décrépitent pas, mais qui fusent.

2°. Elle m'a donné une méthode assez sûre, non-seulement pour décider quand le sel est mêlé d'une maniere marquée dans le Salpêtre, mais même pour juger à quelle dose il y entre, jusqu'à la concurrence d'un 6ᵉ.

D'après ces épreuves, j'ai examiné les Salpêtres de troisiéme cuite, qui sont les plus purs de ceux que la Compagnie em-

Estimation de la pureté des Salpêtres de troisiéme cuite, d'après ces épreuves.

ploye à la fabrication de la poudre. J'en ai pris quatre pains au hafard. J'ai détaché une partie de leurs culots. Ces culots jugés fur les épreuves précédentes, m'ont paru tenir, le premier un 5e. de fel ; le fecond, un 4e. le troifiéme, un 4e. auffi ; & le quatriéme, un 5e.

J'ai bien fenti que le fel fe précipitant dans fa criftallifation, infecteroit toujours les culots des pains, de préférence au corps. Mais enfin ces culots entrent dans la fabrication de la poudre ; d'ailleurs il étoit à préfumer, comme l'expérience me l'a démontré enfuite, que le fel, étant mis par l'ébullition dans un état de divifion extrême, fe précipitoit difficilement dans une liqueur auffi rapprochée que le font les troifiémes cuites, lors même que l'ébullition ceffant, le bain fe tranquillife ; d'où il fuivoit qu'il devoit fe trouver dans le corps même des pains, une affez grande quantité de fel, qui, faute de pouvoir fe réunir en molécules affez confidérables, n'auroit pu fe précipiter.

Il eſt donc réſulté de ces épreuves une certitude d'un défaut conſidérable de pureté , relativement au ſel dans les Salpêtres de troiſiéme cuite. Mais le mal connu , l'important étoit de chercher le moyen d'y remédier.

Quelques Raffineurs ſe ſervent de ſel ammoniac pour obtenir la ſéparation du ſel d'avec le Salpêtre. Ils prétendent même qu'elle ne peut s'obtenir complétement que par ce moyen.

Il eſt difficile de voir comment le ſel ammoniac , ſur-tout à la doſe de quatre onces pour 2400 livres de Salpêtre que ces Raffineurs l'employent, pourroit opérer cette ſéparation. Aucune des propriétés de ce ſel , fût-il même à plus grande doſe, ne pouvoit me rendre raiſon d'un pareil effet. Je l'ai cependant tenté.

J'ai pris quatre pintes d'une cuite , qui avoit déja rendu du ſel. J'en ai fait deux parts de deux pintes chacune. Je les ai tenues en même temps ſur un feu égal. Dans l'une des deux ; j'ai jetté quatre gros de fel ammoniac ; dans l'autre, je n'ai rien mis; je les ai fait réduire chacune d'une demi - pinte. En décantant, j'ai trouvé, dans l'un & l'autre vafe, un précipité de fel du poids de quatre onces.

Comme on auroit pu m'objeêter que le fel ammoniac auroit mieux agi en étendant la cuite d'une certaine quantîté d'eau, j'ai recommencé l'opération , en obfervant de rendre de l'eau à la cuite à diverfes reprifes , fans en tirer plus de fruit que de l'opération précédente.

J'ai répété encore ces épreuves à deux onces de fel ammoniac , pour deux pintes de pareille cuite , & je n'en ai pas eu plus de fuccès. J'ai fini par regarder comme totalement chimérique cette propriété attribuée au fel ammoniac, avec fi peu d'apparence de raifon. Je n'en rends même compte que pour faire voir que je n'ai rien négligé.

Si l'on a quelque   Je dois cependant ajouter, que c'eft à

tort que quelques (1) Chimiftes àttribuent les accidens des moulins à Poudre, à l'ufage que plufieurs Raffineurs font du fel ammoniac, prétendant que ce fel ayant la propriété de fe criftallifer avec le Salpêtre, forme un fel ammoniacal, nitreux, lequel n'a befoin pour s'enflammer, que d'une certaine chaleur qu'il reçoit facilement de l'action des pilons. Il étoit à croire que l'acide nitreux ne quitteroit pas, dans cette criftallifation, fa bafe d'alcali fixe pour prendre la bafe d'alcali volatil du fel ammoniac, & que conféquemment il ne fe formeroit pas de fel ammoniacal nitreux. L'expérience a confirmé le raifonnement. Car le Salpêtre provenu des épreuves précédentes, ayant été mis dans un creufet rouge, s'eft mis en criftal minéral & ne s'eft pas enflammé. J'ai répété la même chofe à dofe égale de Salpêtre & de fel ammoniac, fans éprouver d'autre effet.

Cela m'a conduit à éprouver fi le fel am-

chofe à craindre pour les accidens dans la fabrication de la poudre, du mélange du fel ammoniac dans le Salpêtre.

---

(1) Dictionnaire des Arts & Métiers, art. *Poudre.*

moniacal nitreux avoit lui-même cette propriété. J'ai trouvé qu'elle lui étoit fauffe-
ment attribuée ; ce qui change abfolument
la théorie de la détonation de l'or fulminant.

Il a donc fallu conclure qu'on n'a pas
plus à redouter l'influence du fel ammoniac
dans les accidens des moulins à poudre
qu'on n'a d'avantages à en retirer pour la
précipitation du fel marin dans le raffinage
du Salpêtre , & qu'on doit feulement
confidérer ce fel comme faifant matière
étrangère & non inflammable , ainfi que
nous l'avons dit de l'alun , dont les mêmes
Raffineurs fe fervent , dans l'idée de mieux
dégraiffer le Salpêtre. Au refte , ils employent ces deux drogues à fi petite dofe,
qu'on peut bien les regarder comme nulles.

L'impuiffance du fel ammoniac , bien
démontrée pour la précipitation du fel
marin , j'ai fongé à recourir à un moyen
plus efficace ; j'y ai été conduit par le
raifonnement fuivant.

On a vu que le raffinage de Lorraine
avoit l'avantage fur celui de Paris, de
mieux purifier les Salpêtres des matieres

graſſes , & cela , en grande partie, par l'attention que les Raffineurs de Lorraine ont de rafraîchir leur bain très-ſouvent, & d'y maintenir une plus grande quantité d'eau que ceux de Paris.

On a vu encore que ſi les Salpétriers de Lorraine ne tiroient point de ſel de leur cuite, tandis que ceux de Paris en tirent, quelquefois aſſez abondamment, cela provenoit uniquement de ce que ces derniers dégraiſſoient leur cuite avant de la tirer. L'exemple du dépôt de ſel formé en Lorraine après le rapurage, entr'autres preuves, eſt ſans replique.

J'ai conclu de - là que ſi le ſel ne ſe ſéparoit pas , ou ne ſe ſéparoit que d'une maniere très - imparfaite dans les raffinages, cela venoit de ce que les molécules du ſel étoient arrêtées, ſoit par les matieres graſſes, ſoit par le Salpêtre lui-même ; qu'il ne s'agiſſoit que de détendre ces cuites trop rapprochées, pour donner aux molécules du ſel diſperſées , la liberté de ſe réunir.

Mais étoit-il poſſible de réunir toutes

ces molécules difperfées ? Le précipité que devoit fournir la cuite plus délayée, raffembleroit-il tout le fel qui feroit contenu dans cette cuite ? Ce précipité n'entraîneroit-il pas avec lui beaucoup de Salpêtre, & n'occafionneroit-il pas par-là des déchets confidérables ? Seroit-il poffible d'éviter ces déchets, au moins en partie, & d'arriver en même temps à une purification plus exacte que donneroient les précipités ?

Ce font ces doutes qui ont donné lieu à la fuite d'expériences qu'on va voir. On s'y eft propofé de connoître les effets du fel marin & du Salpêtre, lorfque ces fels fe trouvent mêlés, foit dans une diffolution commune, comme font les eaux des cuites, foit dans des maffes criftallifées, comme font les Salpêtres bruts & de feconde cuite ; je puis dire même de troifiéme cuite après les expériences précédentes. J'ai pris une route un peu longue, mais qui m'a paru la plus propre à m'éclairer. J'ai commencé par chercher les propriétés du fel marin & du Salpêtre, lorf-

qu'ils font diffous féparément ; j'ai examiné enfuite ce qui arrivoit lorfqu'ils
étoient dans une diffolution commune ; &
c'eft de-là que j'ai tiré des régles pour
arriver à leur féparation , & pour déterminer à quel point elle pouvoit fe faire.

J'ai commencé par le Sel marin.

Les Auteurs ne font point d'accord fur
la quantité d'eau néceffaire pour tenir ce
fel en diffolution. D'ailleurs, comme je
voulois avoir des certitudes affez grandes,
pour déterminer des opérations confidérables , je n'ai voulu m'en rapporter à
perfonne. M. Petit, Médecin, a laiffé
des Mémoires fur cette matière dans le
Recueil de l'Académie des Sciences ;
mais comme j'ai fuivi une route fort différente , & que les quantités, qui fer-
voient de bafe à mes expériences , n'ont
jamais été moindres d'une livre, tandis que
les fiennes ont porté fur des dragmes &
fur des grains , il n'eft pas étonnant que
nos réfultats ayent été fort différents.
En effet, on fent aifément que dans des
opérations de cette nature , il eft trop

difficile de tenir un compte exact d'une multitude de petites pertes auxquelles l'adreſſe & la vigilance du manipulateur ne peut parer , & qui deviennent conſidérables dans des expériences en petit , tandis qu'elles ſont peu ſenſibles dans des épreuves en grand.

J'ai commencé par m'aſſurer de la pureté du ſel ſur lequel je voulois opérer. J'ai choiſi pour cela du ſel blanc des Salines de Lorraine , que j'ai fait diſſoudre & cuire enſuite , pour fournir à toutes les expériences que j'aurois à faire ; j'en avois uſé de même pour les expériences précédentes.

Ce ſel éprouvé à la doſe d'une livre , a toujours exigé à froid trois livres d'eau pour être diſſous. J'ai fait cette épreuve trois fois. Il eſt reſté ſur le filtre , la premiere fois , un gros ; la ſeconde , deux gros ; & la troiſiéme , un gros & demi.

La même épreuve répétée auſſi trois fois avec l'eau bouillante , les diſſolutions ſe ſont faites beaucoup plus rapidement,

&

& il n'eſt rien reſté ſur le filtre. J'ai voulu
voir s'il ſe diſſolveroit encore du ſel ; j'ai
trouvé qu'il s'en diſſolvoit chaque fois environ encore deux gros & demi, à quelques légeres différences près. D'où il ſuit,
que l'eau chaude à l'eau bouillante fait
la différence de quatre gros environ ſur
une livre, c'eſt-à-dire, d'un 32e.

J'ai pris enſuite du ſel gris tel qu'on l'a
dans les pays appellés de grande Gabelle ;
il m'a fallu pour le fondre à froid, un temps
beaucoup plus long que pour le précédent, & environ quatre fois ſon poids
d'eau. La même quantité d'eau bouillante
l'a fondu beaucoup plus vîte, & s'eſt
chargée encore d'environ un 36e.

C'eſt ſans doute ce qui a fait dire à pluſieurs Auteurs, que le ſel marin exigeoit
quatre fois ſon poids d'eau pour être diſſous. Mais il eſt clair qu'ils ont eu tort
de choiſir cette eſpece de ſel marin pour
décider ſur le ſel marin en général. Car
ce ſel differe du ſel blanc par une certaine quantité de bitume & de terre, qui

n'étant point diſſolubles dans l'eau, l'empêchent d'agir ſur les parties de ſel qui
en ſont enveloppées.

En raſſemblant les réſultats de ces expériences relativement à mon objet, j'ai
conclu :

1°. Que plus le ſel qu'on auroit à diſſoudre ou à tenir en diſſolution, ſeroit
enveloppé de ſel dans des matieres ter-
reſtres, graſſes ou bitumineuſes, plus il
faudroit d'eau, ſoit à froid, ſoit à chaud.

2°. Que cette quantité d'eau néceſſaire pour la diſſolution du ſel, ne pouvoit jamais être moindre à froid que le
triple du poids du ſel ; & que ſi elle étoit
bouillante, elle ne pouvoir gueres paſſer
le quadruple, en ſuppoſant que le ſel fût
embarraſſé dans des matieres graſſes ou
bitumineuſes, ou dans une liqueur trop
rapprochée, qui ne lui donnât pas la facilité de ſe précipiter.

3°. Que puiſque l'eau chaude diſſolvoit quatre gros de ſel de plus par livre,
ou un trente-deuxieme de plus que l'eau

froide, ce trente-deuxieme se précipite-
roit, lorsque la dissolution viendroit à se
refroidir.

Tout ce qui appartient à la dissolution
du sel marin étant bien connu, passons
maintenant à ce qui regarde celle du Salpêtre. Puisque ce sel se cristallise par refroidissement, il est évident que la quantité qui s'en dissolvera dans une mesure
d'eau déterminée, dépendra toujours du
degré de chaleur où l'eau se trouvera ;
d'où il suit que cette quantité variera
non-seulement depuis le terme où le froid
seroit assez considérable pour glacer une
dissolution saturée de Salpêtre, jusqu'à
celui de l'eau bouillante ; mais que ces
variations s'étendront encore depuis le
terme où la quantité de Salpêtre dissoute
dans l'eau lui donne assez de fixité pour
supporter un degré de chaleur supérieur
à celui de l'eau bouillante, jusqu'à celui où la quantité d'eau deviendroit zero,
relativement à celle du Salpêtre ; lequel
ne différeroit pas alors du cristal minéral.

De la dis-
solution du
Salpêtre.

D 2

Mais comme l'eau s'évapore avant comme après le degré de chaleur de l'eau bouillante, on voit quelle incertitude il régneroit dans les résultats de ces expériences.

La connoissance de la totalité de cette gradation seroit plus curieuse qu'utile. Il importeroit seulement d'en connoître les principaux termes, moins pour les dissolutions du Salpêtre, qui sé font par le secours du feu, que pour celles qui font faites par l'eau à la température de l'atmosphere. Mais comme il n'est question que d'objets de pratique sur une matiere qui n'est pas d'un grand prix, on peut réduire cette recherche à trois principaux termes ; celui de la gelée, celui du tempéré, & celui du grand chaud.

Voici comme j'ai opéré pour connoître celui de la gelée, le thermometre étant à trois degrés au-dessous de la glace.

Expérience sur la dissolution du Salpêtre par un temps de gelée.

Le Salpêtre étant très-long à fondre à froid, il étoit question d'empêcher que l'eau ne se gelât pendant que la dissolution se feroit ; j'ai imaginé pour cela d'o-

(53)

pérer de la maniere fuivante : j'ai pris
une livre de Salpêtre bien pur & bien
fec que j'ai concaffé & placé dans un
grand baffin , de maniere à lui donner
beaucoup de furface ; j'ai verfé deffus
deux livres d'eau bouillante : à l'inftant
prefque tout le Salpêtre a été diffous ;
mais l'eau confidérablement refroidie ,
un moment après il s'eft formé un précipité très-abondant ; j'ai verfé encore deux
livres d'eau ; nouvelle diffolution à laquelle
ont fuccédé prompt refroidiffement &
précipitation. J'ai reverfé de nouvelle eau
bouillante , jufqu'à ce que la diffolution,
ramenée à fon plus grand degré de refroidiffement , ne donnât plus de précipité.

Il s'eft trouvé que j'avois employé huit
livres deux onces d'eau pour tenir une
livre de Salpêtre diffoute à froid.

La même expérience faite de la même
maniere , un jour que le thermometre
étoit à douze degrés vers le tempéré , il
m'a fallu cinquante onces d'eau pour une
livre du même Salpêtre.

D 3

Ainſi le Salpêtre, dans un temps de gelée, exige environ huit fois ſon poids d'eau pour être tenu en diſſolution; & par un temps tempéré, il ne lui en faut que trois fois ſon poids.

Ayant ſuivi ce travail en hiver ſeulement, je n'ai pu eſſayer qu'à ces deux termes; j'ignore ce qu'il faudroit d'eau dans les grandes chaleurs. M. Petit prétend qu'alors vingt-quatre livres d'eau tiennent dix livres de Salpêtre diſſoutes. Je le croirois aſſez, vu les épreuves précédentes qui ſe rapprochent fort des ſiennes.

Au reſte, comme le degré de froid où le Salpêtre tient l'eau dans les plus grandes chaleurs, admet néceſſairement peu de variations entre ce terme & celui du tempéré, & que d'ailleurs il ne peut être queſtion que d'à-peu-près dans des opérations de cette nature, la connoiſſance de ce qui arrive vers le tempéré, ſuffit pour éclairer ces opérations dans des temps de chaleur plus marqués.

Enfin nous en avons aſſez pour conclure avec certitude :

1°. Que toute diffolution de Salpêtre, où la quantité de Salpêtre excédera par le tempéré le tiers, & par la gelée la huitiéme partie du poids de l'eau, donnera des criftaux à proportion de cet excès.

2°. Qu'une diffolution de Salpêtre, pour fournir des criftaux, n'a befoin que du refroidiffement de l'atmofphere, & que la quantité de criftaux dépendra du degré de ce refroidiffement.

3°. Qu'il faudra porter la réduction beaucoup plus loin par un temps de gélée que par un temps chaud, pour obtenir une criftallifation convenable ; fi l'on opere fur une cuite compofée de diffolution à froid, telles que font les eaux des cuites, que cette différence fera de huit à trois.

4°. Que ce fera le contraire fi on opere fur une diffolution de Salpêtre faite par le fecours du feu.

Les expériences précédentes, & celles que j'ai faites depuis, m'ont encore appris que plus le Salpêtre étoit pur , plus il falloit d'eau pour le diſſoudre , & plus cette diſſolution étoit longue. Nous avons vu au contraire que plus le ſel marin étoit chargé de matieres terreuſes & bitumineuſes, plus ſa diſſolution exigeoit de temps & d'eau. J'imagine que cette propriété ſinguliere du Salpêtre vient de ce que l'eau agit dans la diſſolution de ce ſel , moins par ſes parties propres qu'elle introduit entre les molécules du Salpêtre, comme elle fait dans la diſſolution du ſel marin , que par les parties du feu , qui ſont indépendantes de ſa nature , mais qui conſtituent ſa fluidité & le degré de chaleur dont elle jouit juſqu'au terme excluſivement où elle devient glace.

Or il eſt évident qu'à meſure qu'elle communique au Salpêtre ces parties de feu, elle doit ſe refroidir & perdre ainſi beaucoup de ſon action. Mais comme plus un ſel eſt pur, plus il jouit de ſes propriétés , il ſuit que le Salpêtre ayant

la propriété de refroidir l'eau , plus il
fera pur , plus il la refroidira , plus il
émouffera fon action diffolvante , plus il
faudra de temps & d'eau pour que la diffolution s'accompliffe.

Cette réflexion conduiroit à envifager
la diffolution du Salpêtre , non comme
une diffolution , mais comme une vraie
fufion. Je hafarde cette idée que je
crois neuve , mais je fens que fi elle eft
admiffible , elle auroit befoin d'être appuyée de beaucoup d'expériences que je
n'ai pas faites , vu l'obligation que je m'é-
tois impofée de me refufer pour le moment à tout ce qui ne paroiffoit conduire
qu'à des idées théoriques.

J'ai auffi conftamment éprouvé , à l'é-
gard de la criftallifation du Salpêtre , que
les criftaux étoient d'autant plus réguliers
que la criftallifation fe faifoit dans une
plus grande quantité d'eau , pourvu que
le refroidiffement fe fît auffi avec une
certaine lenteur.

Chaque fois qu'il ne reftoit pas dans

le centre du pain une certaine quantité d'eau, la criſtalliſation étoit en maſſe, & n'avoit pas une figure déterminée. Ce dé-faut, pouſſé au dernier période, tel qu'il eſt dans le criſtal minéral, ne laiſſe plus d'idée de criſtalliſation ; c'eſt une vraie congélation, une fonte refroidie, ſem-blable à celle des métaux, à la différence que la fonte des métaux préſente un ar-rangement déterminé dans ſes parties, ſi le refroidiſſement s'eſt fait très - lente-ment ; au lieu que le Salpêtre, ainſi que je l'ai éprouvé, n'en offre aucun, lorſqu'il a manqué d'eau à l'inſtant de ſon refroi-diſſement, avec quelque lenteur que ce refroidiſſement ſe ſoit fait.

Ce ſeroit de même en vain que l'eau exiſteroit en quantité ſuffiſante dans la diſſolution, au moment qu'elle criſtalliſe, ſi le refroidiſſement ne ſe faiſoit avec une certaine lenteur, qui donnât le temps aux molécules primitives du Salpêtre de s'ap-pliquer les unes ſur les autres par les faces convenables, pour former ces aſfemblages réguliers qu'on appelle criftaux, & dont la figure eft certainement fondée fur la forme de molécules primitives , puifque chaque fel neutre a fa criftallifa-tion particuliere. Auffi, lorfque la diffolu-tion ayant une quantité d'eau qui auroit fuffi pour former une belle criftallifation, a été refroidie fubitement , je n'ai eu qu'un précipité, au lieu d'une criftallifa-tion.

Les criftaux peuvent être réguliers quoique petits. Leur groffeur ou leur petiteffe dépend à la fois & de la quan-tité du Salpêtre fur laquelle la criftallifa-tion s'opere, & de la quantité d'eau fu-perflue à cette criftallifation.

De quoi dépend la groffeur des criftaux du Salpêtre.

Ainfi, toutes chofes égales d'ailleurs , vingt livres de Salpêtre diffous donnent toujours de plus gros criftaux que quinze livres du même Salpêtre diffous dans le même vafe ; & vingt livres de Salpêtre fourniront auffi de plus gros criftaux, en criftallifant dans quarante livres d'eau, que s'ils criftallifoient dans vingt livres d'eau. J'imagine que le refroidiffement fe faifant plus lentement fur des maffes plus confidérables, donne plus de temps aux molécules de s'appliquer par les faces les plus convenables les unes fur les autres ; & l'attraction qui fait mouvoir ces molécules, & qui, dans cette occafion, a à vaincre la force de la pefanteur, agit avec d'autant plus de facilité , que le milieu eft moins rapproché.

Au refte, comme cet objet n'a point de rapport marqué avec la perfection du Salpêtre, je l'ai négligé : je crains même de m'y être trop arrêté ici.

La température de l'atmofphere décide de la beauté de la criftallifation du Salpêtre.

Le Salpêtre qui criftallife par un temps tempéré ou par un temps chaud, donne de plus gros criftaux que s'il criftallifoit par un temps de gelée avec la même quantité d'eau , & cela par la raifon que la même maffe d'eau qui tient une certaine portion de Salpêtre diffoute par le tempéré , laiffant criftallifer environ les deux tiers de cette portion de Salpêtre lorfque le temps eft à la gelée, fournira une plus grande quantité d'eau superflue à la criſtalliſation par le tempéré que par le froid.

Les criſtaux de Salpêtre peuvent être réguliers, & n'être pas tranſparens. Leur tranſparence ne dépend alors que de la pureté de la diſſolution qui les a fournis. Si cette diſſolution eſt ternie par des matieres graſſes, les criſtaux ſeront jaunes, parce que telle eſt la couleur de ces matieres ; pure de graiſſes, mais chargée de ſel marin, de maniere à ce qu'il s'en ſoit criſtalliſé une certaine quantité dans le corps du Salpêtre, les criſtaux ſeront blanchâtres & farineux. Ils ſeront farineux, parce qu'étant formés de ſels de différente nature, ils auront peu de liaiſon, ils ſeront blanchâtres, parce que l'interpoſition des criſtaux de ſel marin troublera la tranſparence de ceux du Salpêtre.

De quoi dépend la limpidité des criſtaux de Salpêtre.

Enfin, ſi la criſtalliſation eſt bien pure de matieres étrangeres au Salpêtre, les criſtaux ſeront très-tranſparens, & abſolument couleur d'eau ; & c'eſt un des ſignes des moins équivoques auxquels on peut reconnoître la pureté du Salpêtre. Celui des Indes, qui ne tient point ou très-peu de ſel marin, en comparaiſon du Salpêtre ordinaire, & qu'un ſeul raffinage, quoique mal fait, dégraiſſe fort bien, a ſes criſtaux a bſolument couleur d'eau.

De la dureté & de l'adhérence mutuelle des criſtaux.

La dureté & l'adhérence extrême des criſtaux les uns contre les autres, qui en prouve l'homogénéité, doit être encore, comme on le ſent bien, un des ſignes non équivoques de la pureté du Salpêtre ; & c'eſt auſſi un des caracteres du Sal-pêtre des Indes.

Expériences ſur les diſſo-lutions où le ſel marin & le Salpê-tre entrent tous deux dans la ſatu-ration, tel-les que ſont les eaux des cuites, ap-pellées im-proprement eau-meres.

Après avoir conſidéré le ſel marin & le Salpêtre diſſous ſéparément, je ſuis paſſé à l'examen des effets de ces ſels, lorſqu'ils étoient contenus dans une diſ-ſolution commune, telles que ſont les eaux des cuites. J'ai répété les dernieres expériences ſur des diſſolutions ſaturées de ſel marin bien pur, peſant chacune quatre livres, tenant conſéquemment une livre de ſel à très-peu de choſe près.

(63)

La premiere , le thermometre étant
à trois degrés au-deſſous de la glace , n'a
pu diſſoudre que ſix onces de Salpêtre ,
c'eſt-à-dire, les deux tiers environ de ce
que la même quantité d'eau pure en diſſolvoit à cette température de l'atmoſphere.

La ſeconde , le thermometre étant à
onze degrés vers le tempéré , n'a diſſous
que dix onces de Salpêtre , c'eſt - à - dire ,
les deux tiers environ de ce qui en avoit
été diſſous dans l'eau pure.

Comme M. Petit prétend que l'eau
ſaturée de ſel marin agit ſur le Salpêtre
comme ſi elle étoit pure, cela m'a engagé à
répéter deux fois ces expériences. J'ai eu
les mêmes réſultats. J'ai déja prévenu
des raiſons qui pouvoient mettre des différences entre les réſultats de M. Petit
& les miens.

J'ai donc conclu que, quelle que ſoit la
température de l'atmoſphere, l'eau ſaturée
de ſel ne diſſout gueres que les deux
tiers du Salpêtre, qu'elle diſſout lorſqu'elle
eſt pure. Mais comme nous avons vu

que dans une saison tempérée elle n'en diffolvoit qu'environ le tiers de fon poids, étant pure, il fuit que dans le même temps elle n'en diffolvera que les deux neuviemes, lorfqu'elle fera faturée de fel marin.

Par la même raifon, dans les temps de gelée, elle n'en diffolvera que le douzieme.

Il reftoit encore à examiner ce qui arriveroit lorfqu'on cuiroit ces diffolutions, c'eft-à-dire, lorfqu'on feroit évaporer l'eau fuperflue à la criftallifation des deux fels qui y font mêlés.

Mais avant d'expofer ces diffolutions à l'action du feu, il falloit favoir fi les pertes qui fe feroient, tomberoient fur un des deux fels plus que fur l'autre, ou s'il y en auroit un qui en feroit exempt.

J'ai donc cuit à diverfes fois des diffolutions féparées de ces fels, fondus toujours à la dofe d'une livre. J'ai trouvé conftamment que le fel marin fe retrouvoit, lorfqu'il avoit été bien defféché, à peu

près

près poids pour poids après l'opération ;
sauf les déchets qui arrivent toujours par
la manipulation , lesquels ne paſſoient
jamais deux gros ſur une livre , c'eſt-à-
dire, un ſoixante-quatriéme ; mais pour le
Salpêtre on peut eſtimer le déchet entre
un huitiéme & un douziéme , ſuivant la
maniere dont on opére , ſelon qu'on donne
plus ou moins d'eau.

Bien aſſuré que le ſel marin mis en diſſolution perdoit très-peu de ſon poids, lorſqu'on le cuiſoit, & que le Salpêtre, dans
le même cas, en perdoit entre un huitiéme
& un douziéme, j'ai cuit une diſſolution
ſaturée de ſel marin & de Salpêtre. Le premier s'eſt dépoſé dès les premiers bouillons ; j'ai eſſayé à meſure que la réduction ſe
faiſoit, pour voir ſi le Salpêtre s'annonçoit ;
je n'ai jamais pu en avoir un eſſai , tel
qu'il l'auroit fallu pour retirer la cuite &
la faire criſtalliſer. Toute l'opération a
abouti à un dépôt ſalin chargé du Salpêtre qui étoit dans la diſſolution.

D'où il faut conclure , 1°. que chaque

E

fois qu'on a une dissolution où le sel marin se trouve avec le Salpêtre dans le rapport de trois à deux, il faut renoncer à séparer ces deux sels dans les raffineries.

2°. Que les eaux provenantes des cuites des Raffineurs, ne sont pas chargées de sel marin jusqu'à saturation, puisqu'on en retire du Salpêtre.

L'impossibilité de séparer le sel marin du Salpêtre, lorsque ce dernier n'est que pour deux dans la dissolution, tandis que l'autre y est pour trois, étant démontrée pour les travaux en grand, j'ai fait une cuite où ces deux sels étoient à dose égale. J'en vais détailler le procédé, parce qu'il me menera à des conséquences importantes.

J'ai mis dissoudre dans une casserole sur le feu une livre de Salpêtre & une livre de sel avec quatre livres d'eau.

En tirant ma cuite à l'essai convenable, j'ai eu au fonds de la casserole un résidu qui fusoit un peu sur les charbons, lorsqu'il a été desséché, & qui pesoit sept onces un gros. Je l'ai estimé tenir environ quatre onces de sel marin.

Le pain provenant de cette cuite pe-soit, lorsqu'il a été bien sec, douze on-ces deux gros; la base en étoit chargée de sel.

Il en est resté dix-sept onces six gros d'eaux-meres, lesquelles recuites n'ont pu rendre de Salpêtre, & ont donné un résidu, lequel séché pesoit dix onces, & qui, vu la quantité de sel marin qui étoit dans la cuite, pouvoit être estimé en tenir huit onces.

En ajoutant ces huit onces de sel marin aux quatre onces, estimées dans le premier résidu, on en aura extrait environ douze onces sur les seize contenues dans la cuite. Mais comme nous avons vu que le sel marin perd peu dans les cuites, on pourra conclure que dans le pain provenu de cette opération, il en est resté environ quatre onces, ce qui en feroit le tiers.

Il suit de-là que chaque fois qu'un Salpêtre, pur de matieres grasses, tien-

'dra cinquante pour cent de fel, ce qu'on peut facilement eftimer par la régle que j'ai trouvée, le Salpêtre qu'on en tirera, en cuifant à grande eau & avec toutes les précautions qui peuvent favorifer la féparation des deux fels, demeurera chargé d'environ vingt-cinq à trente pour cent de fel, tellement mêlé dans le corps de fa criftallifation, qu'il ne fera fenfible ni au goût ni à la vue, fi ce n'eft vers la bafe du pain.

De cette expérience où le Sel étoit mêlé au Salpêtre à parties égales, je fuis paffé à deux autres épreuves, où le fel ma-rin n'entroit plus que pour un tiers, & en-fuite pour un quart. Mais comme ce fel ne fe trouve gueres dans le Salpêtre brut, à des dofes fi fortes, & que les réfultats de ces opérations ne font appli-cables que d'une maniere générale au travail de la raffinerie, & qu'ils n'ont rien de particulier à cet égard, fur les réfultats de l'expérience précédente, & de celles qui vont fuivre, je n'entrerai pas dans le détail de ces opérations. Il me fuffira de dire que la premiere épreuve, à une partie de fel marin contre deux de Salpêtre, ne m'a fourni l'effai convenable pour faire criftallifer la cuite, que long-temps après que le fel marin eût commencé à fe dépofer, & que la feconde, à trois parties de Salpêtre contre une de fel marin , a annoncé le Salpêtre avant cet autre fel d'une maniere affez marquée, pour qu'on fît criftallifer la cuite.

Je viens donc à l'épreuve que j'ai faite avec la proportion de fel marin fur laquelle j'ai eftimé que fe trouvoient généralement les Salpêtres bruts de Lorraine.

Expériences où le Salpêtre entre dans la diffolution pour un cinquiéme.

J'ai pris deux livres de Salpêtre pur, auxquelles j'ai joint huit onces de fel marin pur , c'eft-à-dire, un cinquiéme; j'ai fait diffoudre le tout fur le feu dans trois livres d'eau; quantité d'eau plus que fuffifante pour tenir le fel marin entiérement dégagé du Salpêtre, & bien diffous, à en juger par les expériences précédentes.

La premiere cuite tirée, quand l'effai

a bien marqué, a donné un pain de Salpêtre très - beau & bien criftallifé , fans
qu'il fe fût encore formé de dépôt au
fond de la cafferole. Ce pain bien féché
a pefé une livre fept onces, & n'a point
offert de fel marin fenfible à fa bafe.

Il eft refté de cette criftallifation une
livre neuf onces d'eaux-meres, lefquelles,
recuites jufqu'au terme d'un effai convenable , ont donné, lorfque j'ai décanté ,
un dépôt qui , bien féché, a pefé huit
onces, & effayé fur les charbons, a fondu
fans fufer ; ce qui, d'après ce qu'on a vu,
annonçoit environ moitié de Salpêtre.

Le Salpêtre provenu de cette feconde
cuite , étant bien fec , pefoit quatre onces un gros. Le corps du pain effayé fur
les charbons , a paru tenir une partie de
fel marin , & la bafe en a annoncé deux.

Il eft refté de cette cuite fix onces fix
gros deux marcs , qui ont refufé de rendre
du Salpêtre , & qui ont laiffé un réfidu ,
lequel bien fec pefoit un once un gros ,
& fufoit fur les charbons , comme tenant

une partie de fel marin contre deux de Salpêtre.

Reprenons les produits de cette opération. Le premier réfidu étant de huit onces, & eftimé environ moitié Salpêtre, nous donne quatre onces de fel : le fecond étant d'une once un gros , & eftimé environ un tiers de fel , nous donne trois gros de fel marin.

Le Salpêtre provenu de la feconde cuite , pefant quatre onces un gros , & tenant une partie de fel marin contre trois de Salpêtre, donne un once de fel marin.

En ajoutant ces produits, on a cinq onces trois gros de fel marin extrait de la totalité de deux livres huit onces, où ce fel entroit pour un cinquiéme.

Ainfi, il eft refté deux onces cinq gros de fel marin dans le pain de la premiere criftallifation, d'une livre fept onces; donc ce pain eft demeuré chargé d'environ un neuviéme de ce fel.

D'où l'on peut déduire généralement qu'un Salpêtre qui tiendra vingt pour cent de fel marin, en gardera environ neuf à dix pour cent, lorfqu'on l'aura raffiné, pourvu toutefois qu'on ait obfervé toutes les conditions requifes pour faciliter la féparation des deux fels, & que l'on n'ait eu que le fel marin de matiere hétérogene mêlée parmi le Salpêtre.

Cette expérience peut être appliquée au raffinage des Salpêtres bruts. En voici une qui peut l'être aux Salpêtres de deux cuites.

Expérience où le fel marin entre dans la diffolution pour un fixieme.

J'ai pris trente onces de Salpêtre très-pur & fix onces de fel très-pur que j'ai mis fur le feu avec trente-fix onces d'eau. Le tout étant bien fondu, & lorfque l'effai a marqué, j'ai mis criftallifer, j'ai eu un pain très-beau, lequel féché a pefé une livre cinq onces un gros.

Il eft refté une livre fept onces d'eaux-meres, lefquelles recuites ont laiffé un dépôt de trois onces fix gros, qui a fondu fur les charbons fans fufer, & a été eftimé moitié fel & moitié Salpêtre.

Cette feconde cuite a donné un pain de Salpêtre, lequel bien féché a pefé quatre onces quatre gros; essayé sur les charbons, le corps du pain a annoncé environ un quart de sel marin, & la base en a paru tenir moitié.

Il est resté de cette même cuite quatre onces neuf gros d'eaux-meres qui ont refusé de donner du Salpêtre, & qui ont laissé un résidu, lequel desséché pesoit un once six gros; jetté sur les charbons, il a très-foiblement fusé, ce qui l'a fait estimer tenir un tiers de sel marin.

En rassemblant les produits de cette opération, je trouve que le premier résidu de trois onces six gros, estimé moitié sel marin, moitié Salpêtre, donne une once sept gros de sel marin, & que le second d'une once six gros, estimé tenir un tiers de sel & deux tiers de Salpêtre, donne environ cinq gros de sel marin.

Le Salpêtre tiré de la seconde cuite donne encore une once un gros de sel marin à-peu-près, puisqu'il pesoit quatre onces quatre gros, & qu'il annonçoit un quart de ce sel.

Ce fera donc trois onces cinq gros environ qu'on aura extrait des fix onces de fel répandues fur la totalité de la cuite primordiale. Il refte donc encore deux onces un gros dans le pain provenant de cette cuite ; mais comme il pefoit une livre cinq onces, ce fera à-peu-près le onziéme de fon poids.

Concluons de cette expérience, que lorfqu'un Salpêtre tiendra un fixiéme de fel marin , & fera d'ailleurs pur de matieres hétérogenes, il en tiendra encore environ un onziéme , lorfqu'on l'aura purifié , en obfervant toutes les précautions qui peuvent favorifer la féparation de ces deux fels.

Conclu-
fions de ces
experiences. Ces expériences ayant été répétées une feconde fois , & les réfultats ayant peu varié , on peut en tirer les conféquences fuivantes.

1°. En opérant de la maniere la plus favorable à la féparation du fel marin d'avec le Salpêtre, on ne peut prétendre qu'à enlever environ moitié à chaque opération bien conduite.

2°. Le sel marin qui restera dans le Sal-pêtre, même après la premiere opération, ne sera sensible ni au goût ni à la vue, & ne s'annoncera pas sur les charbons par la décrépitation, mais seulement par les signes que nous avons détaillés.

3°. Le sel qui se précipite dans les cuites, n'est jamais pur. Il est mêlé de tantôt moitié, tantôt un tiers, tantôt un quart de Salpêtre, quelquefois plus, quelquefois moins.

La quantité pour laquelle le Salpêtre se mêle au sel marin dans ces précipités, dé-pend de l'état où la cuite se trouve dans l'instant où le sel se dépose. Plus la cuite est alors rapprochée & chargée de Sal-pêtre, plus le sel marin entraîne de Sal-pêtre avec lui.

4°. Chaque fois que le sel marin commen-ce à se précipiter, il continue toujours de le faire jusqu'à la fin de la cuite, & même après qu'elle est décantée dans les bassins.

D'où il suit que tout Salpêtre prove-nant d'une cuite, où le sel marin s'est préci-pité, tiendra nécessairement une grande quantité de ce sel. Aussi a-t'on vu dans les expériences ci - dessus, que les Salpêtres provenans des cuites qui avoient rendu du sel marin, avoient annoncé qu'ils en avoient gardé environ un quart de leur masse, lorsqu'on les avoit éprouvés sur les charbons ; & cependant ces cuites avoient été retirées assez à temps, pour qu'il y restât une quantité d'eaux - meres considérable.

5°. Indépendamment de ce quart de sel marin qui se mêle dans le corps des pains qui viennent de ces sortes de cuites, on a vu que la base de ces pains étoit formée d'un dépôt qui étoit au moins moitié sel marin.

J'ai fait voir, en parlant du rapuroir usité chez les Salpêtriers de Lorraine, que le dépôt de ce sel qui s'y faisoit, étoit principalement dû au dégraissage que la cuite essuyoit dans ce vase ; par la raison que ce dégraissage permettoit aux molécules du sel marin, précédemment enveloppées par les matieres grasses, de se rassembler & de se déposer. Cette raison ne peut avoir lieu ici pour expliquer ces culots, puiſque les cuites, dont il eſt queſ-tion , ne tiennent point de graiſſes. Mais nous avons vu depuis, que le refroidiſſe-ment ſeul d'une diſſolution chargée de ſel, en faiſoit dépoſer un trente-deuziéme ; & comme il eſt démontré par ces dernieres expériences que le ſel entraîne avec lui le double & même le triple de Salpêtre , on a de quoi expliquer la formation de ces culots.

6°. Le moment où la criſtalliſation du Salpêtre s'annoncera dans une cuite chargée de ſel marin & de Salpêtre, dépend beaucoup moins de la quan-tité d'eau qu'on donne à la cuite , que du plus ou moins grand rapport où le ſel marin ſe trouve avec le Salpêtre. Car l'expérience a fait voir qu'à partie égale, & même lorſqu'il ne fait que le tiers de la maſſe , ce ſel s'annonçoit tou-jours le premier, quelle que fût la quantité d'eau qu'on donnât à la cuite.

7°. Chaque fois qu'on voudra purger de ſel marin une certaine quantité de Sal-

pêtre, quelque chargé qu’on le fuppofe,
il fera inutile d’y joindre plus du double
d’eau que le poids de la maffe entiere.
Car on a vu que fi le Salpêtre n’eft que
le tiers de cette maffe, il y reftera con-
fondu ; que ces deux fels ne font fépara-
bles, au moins avec quelque profit, que
lorfqu’ils font à-peu-près à parties égales.

On a encore vu que pour tenir le fel
marin parfaitement fondu, il ne lui falloit
que trois fois fon poids d’eau bouillante. Si
on donne donc à cette maffe, où ce fel
n’eft que pour moitié, deux fois fon poids
d’eau, ce fel y trouvera trois fois le fien,
& par conféquent tout ce qui lui en faut
pour être diffous ; le furplus fera pour
la diffolution du Salpêtre, & pour faciliter la féparation des deux fels arrivés
à l’état de diffolution complette.

8°. La quantité d’eau qu’on mettra
pour féparer le fel marin d’une maffe de
Salpêtre qu’on foupçonne en contenir, ne
doit pas fe régler fur ce qu’on préfume
que cette maffe en tient , mais fur ce

qu'elle en peut tenir jufqu'au terme où il eſt féparable. En partant de-là, on ne court d'autre rifque que d'avoir dans la cuite une certaine quantité d'eau fuper-flue, que l'évaporation emportera bientôt; inconvénient incomparablement moindre que de hafarder un précipité qui perdroit toute la cuite.

D'ailleurs on a pu remarquer dans la derniere expérience, où le fel marin n'entroit dans la cuite que pour un fixiéme feulement, que les réfultats avoient été, relativement à la purification de ce fel, proportionnellement les mêmes que dans l'expérience où le fel avoit été compris pour un cinquiéme.

Appliquons maintenant toutes ces réflexions & ces expériences au travail des Raffineurs, relativement à la féparation du fel marin. Voyons d'abord comment ils procédent à cet égard dans le premier raffinage qu'ils donnent au Salpêtre.

Suppofons, comme nous avons déja fait, que les Salpêtres bruts tiennent vingt pour cent de fel marin.

Les Raffineurs de Paris mettent dans leur chaudiere quatre muids d'eau pour fondre trois mille six cents livres de Salpêtre brut. Ceux de Verdun mettent environ deux muids & demi pour deux mille quatre cents livres. Ainsi les uns & les autres mettent environ une demi-livre d'eau par livre de Salpêtre brut, ou cinquante pour cent d'eau.

Les Raffineurs de Paris se trouvent en peu de temps, par l'évaporation, fort au - dessous de la quantité d'eau qu'ils ont mise dans leur chaudiere. Il est vrai qu'ils ne laissent pas leur cuite très-long-temps sur le feu. Mais on croira facilement qu'après cinq heures de feu, dont trois d'é-bulition, fort peu ménagée, & avec un rafraîchissement aussi foible que celui que cette cuite reçoit, elle aura perdu près de moitié de l'eau qu'elle avoit au com-mencement. Ainsi d'une demi - livre d'eau par livre de Salpêtre brut, il ne s'en trou-vera donc qu'environ quatre onces.

J'ai fait sentir l'inconvénient qui en résultoit

résultoit pour le dégraiffage. On va voir que c'eft encore pis pour le fel marin.

Le Raffineur de Verdun, par fes fréquens rafraîchiffemens & par fes infufions de colle, entretient au moins dans fon bain les deux tiers & même les trois quarts de la quantité d'eau qu'il y a mife; mais quoiqu'à cet égard il fe comporte mieux que le Raffineur de Paris, il fe trouve encore fort loin de la quantité d'eau que fon opération exige. En voici la preuve.

J'ai pris deux livres de Salpêtre très-pur que j'ai fait diffoudre avec huit onces de fel marin fort pur dans une cafferole où j'avois mis vingt onces d'eau; c'étoit une demi - once d'eau par once de matiere, comme dans les raffineries. J'ai laiffé la cuite donner un bouillon pour m'affurer que tout le Salpêtre étoit fondu & que l'eau avoit diffous de fel marin tout ce qu'elle en pouvoit tenir. L'évaporation m'avoit fait perdre environ deux onces d'eau. J'étois fûrement au-deffus de ce que les

Raffineurs de Paris , & même ceux de Lorraine ont d'eau lorfqu'ils tirent leur cuite ; mais j'ai rendu deux onces d'eau bouillante à ma diffolution , afin de me retrouver au terme précis d'une demi-once par livre de matiere. J'ai décanté tout de fuite , j'ai eu un réfidu de douze onces quatre gros , lequel defféché a fufé fur les charbons affez facilement.

La cuite décantée a fourni un pain crif-tallifé en maffe , & qui offroit à peine dans le centre quelques aiguilles courtes & mal figurées. Ce pain , mis en égoût dans un endroit très - aëré & très - fec , étoit encore fort humide après fix jours. Le tiers de fon épaiffeur vers fa bafe étoit à peine congelé , vu la quantité de fel dont cette bafe étoit chargée. J'ai été obligé de la féparer pour faire fécher le pain.

Quand le tout a été bien fec , j'ai pefé ; j'ai trouvé que ce pain , fa bafe comprife , pefoit une livre une once deux gros.

Il n'étoit refté dans le centre de ce pain que douze onces d'eaux-meres , qui recuites ont abouti à un réſidu de trois onces quatre gros, qui fuſoit aſſez facilement ſur les charbons.

Il eſt inutile de revenir ſur les produits de cette expériencè. Il eſt évident que le ſel a été preſque totalement mêlé dans le corps de la criſtalliſation, & que les précipités eux - mêmes n'en étoient qu'aſſez foiblement chargés , puiſqu'ils fuſoient avec tant de facilité , & qu'ils excédoient d'ailleurs de beaucoup la quantité de ſel marin exiſtante dans la cuite. On peut même dire qu'il n'y a point eu de vraie ſéparation entre les deux ſels.

On doit conclure delà , à plus forte raiſon, que les Raffineurs qui opèrent ſur des Salpêtres chargés de matieres graſſes, n'obtïendront point la ſéparation du ſel marin dans ces Salpêtres, qu'ils ne l'obtiendront du moins que très - imparfaitement par les eaux & par les dépôts qui leur donneront des déchets conſidérables , & que la plus grande partie de ce ſel reſtera

renfermé dans le corps de la criftallifation du Salpêtre.

Le Raffineur de Paris me foutiendra fans
doute que fes Salpêtres bruts ne tiennent
jamais vingt pour cent de fel marin, & il
fe fondera fur ce qu'il ne fe forme pas
de précipité dans fa chaudiere, comme
il s'en eft fait dans notre expérience.

Je réponds que la quantité des matieres graffes, dont les Salpêtres bruts
font furchargés, empêchent feules ces précipités; & je m'en fuis affuré en répé-
tant l'épreuve précédente fur du Salpêtre
brut.

En effet il ne m'eft venu aucun précipité, comme je m'y attendois. Cependant, indépendamment des huit onces de
fel marin, il y avoit encore celui que le
Salpêtre brut tenoit, lequel alloit au moins
à quatre onces; c'étoit donc environ trente
pour cent de fel marin au lieu de vingt.

Il eft inconteftable que les matieres
graffes füffifent feules pour empêcher,

& empêchent en effet que le fel marin ne fe précipite dans le premier raffinage, en quelque quantité qu'il s'y trouve.

On me dira peut-être encore qu'il eft difficile que les Salpêtres de Paris tiennent vingt pour cent de fel marin, tandis que les Fermiers Généraux obligent les Salpêtriers à leur en rapporter quinze pour cent.

Il eft vrai que telle eft la Loi. Mais il ne fuit pas delà que les Salpêtriers n'apportent pas de quintal de Salpêtre dont ils n'aient retiré quinze livres de fel marin. Souvent, ainfi que je l'ai vu moi-même, ils n'en tirent pas un atôme ; & pour fournir la taxation, ils empruntent chez leurs Confreres ce qu'ils ont pu tirer d'excédent. Qu'arriveroit-il fi ces Salpêtres qui n'ont pas rendu de fel marin, étoient bien traités ? Ce feroient ceux qui en rendroient davantage aux raffinages. Car s'ils n'en ont pas rendu, ce n'étoit pas qu'ils n'en tinffent point, puifqu'ils étoient tirés des mêmes matériaux que ceux qui en rendoient. Ils n'en ont pas rendu ; parce que la cuite s'étant trouvée plus chargée de graiffes qu'à l'ordinaire, le Salpêtrier n'a rien changé à fa maniere d'opérer, & le fel marin eft refté enfeveli dans les matieres graffes , comme il y refte dans la cuite du Salpêtrier de Lorraine.

Mais s'il ne s'agiffoit que de bien dé-graiffer pour faire précipiter le fel dans le premier raffinage , il devroit fe préci-piter dans ceux de Verdun ; car je fuis convenu que le Raffineur y dégraiffoit bien fes cuites.

Auffi les premiers raffinages y donnent-ils quelquefois des précipités ; cela eft fort rare , mais j'ai été témoin d'un premier raffinage, qui, fur deux mille quatre cents livres de matieres, a donné quatre cents livres de précipité.

L'explication de ce cas extraordinaire rentre dans ce que je propofe , & loin de combattre mes idées, ne fert qu'à les appuyer. Voici comment.

Le Salpêtre qui faifoit la matiere de

ce raffinage , avoit été tiré d'un leſſivage de terres arroſées depuis cinq ans par les réſidus de la raffinerie , leſquels étoient pour la plupart des diſſolutions de ſel marin. Ce Salpêtre avoit fort peu de graiſſes , mais il étoit horriblement chargé de ſel marin , vu ſon origine. Un ſeul raffinage le mettoit , pour le dégraiſſage , de pair avec les Salpêtres de trois cuites. Il étoit donc naturel que le ſel marin n'ayant point dans ce Salpêtre de matieres graſſes , qui, enveloppant ſes molécules , les em-pêchaſſent de ſe réunir , ſe précipitât en abondance.

Et ce qui appuyeroit encore l'idée que la graiſſe eſt le ſeul obſtacle à la précipita-tion du ſel marin dans le premier raffinage , ſi elle avoit beſoin d'être appuyée, c'eſt que ce même Salpêtre , qui au premier raffi-nage donna un précipité ſalin de plus que la cinquiéme partie de ſon poids , & qui en garda encore au moins un ſeptiéme de ce poids dans ſa criſtalliſation & dans ſes eaux, n'avoit donné aucun précipité dans ſa premiere cuite, & qu'avant de paſſer dans le râpuroir, il n'avoit donné aucun ſigne de ſel marin.

Ce qui eſt arrivé au Raffineur de Verdun dans cette occaſion, étoit donc dû moins à l'abondance du ſel marin, qu'au peu de matieres graſſes dans leſquelles ce ſel ſe trouvoit lié ; & s'il y a quelquefois des précipités dans ſon premier raffinage avec des Salpêtres auſſi gras que ceux qu'il reçoit dans ſa raffinerie, tandis que le Raffineur de Paris n'en a jamais, c'eſt qu'il dégraiſſe mieux que lui.

Lorſqu'il a de ces précipités, que fait-il ? Il les enleve avec ſon écumoire à meſure qu'il les ſent dans le fond de ſa chaudiere, & il pourſuit ſa cuite. Quand il la décante, il trouve un dépôt conſidérable qu'il ſe garde de troubler, & qu'il met à part quand il a décanté.

Mais comme tous ces précipités ne tiennent gueres que moitié de ſel marin, ſouvent un tiers, & même un quart, ils doivent faire un déchet très-conſidérable, fans que la cuite en foit gueres plus épurée. Car il fe formera au fond des baffins de nouveaux dépôts occafionnés par le refroidiffement & par l'évaporation. La bafe des pains fera chargée de ces dépôts, & le corps de la criftallifation fera encore infecté de fel marin. Enfin il arrive à ces raffinages, où le fel marin fe précipite, précifément ce qui a eu lieu dans l'expérience, par laquelle j'ai imaginé de les repréfenter.

Que doit faire le Raffineur pour obvier à l'inconvénient de ces déchets confidérables qui ne rendent gueres fon Salpêtre plus pur ? Il faut qu'il donne à fa cuite affez d'eau pour que les molécules du fel marin aient la facilité de fe détacher de celles du Salpêtre, qui les enveloppent, & pour refter diffoutes, même lorfque la cuite fera refroidie dans les baffins. Il faut qu'il opere, en un mot, comme j'ai fait, dans les deux expériences où j'ai donné un poids d'eau égal à celui des matieres.

Je n'ai point eu de précipité dans les premieres cuites de ces expériences, & il n'en faut pas avoir dans les raffinages, si l'on veut bien opérer : j'en ai assez fait voir les conséquences. Il faut donc que le Raffineur, par des rafraîchissemens répétés, rende à sa chaudiere la quantité d'eau que l'évaporation emportera, afin que les matieres y trouvent toujours leur poids d'eau. Car malgré cette quantité d'eau, & quoique les pains provenans de la premiere cuite, eussent cristallisé au milieu d'une quantité d'eaux-meres, égale à-peu-près à leur poids, on a vu que leur base n'annonça aucune précipitation de sel marin ; ils en tenoient cependant la moitié environ de ce que la cuite en avoit porté.

On demandera maintenant si le second raffinage qui ne trouvera plus à emporter du Salpêtre, que la moitié de sel marin que le premier lui a enlevé, doit avoir autant d'eau, c'est-à-dire, le poids des matieres.

Je réponds par le résultat des expériences

faites à trente onces de Salpêtre, six de sel marin & trente-six onces d'eau, & par l'observation neuvieme à la suite de ces dernieres expériences, dans laquelle j'ai fait voir que c'est moins la quantité de sel marin qu'on veut extraire, que la masse de Salpêtre sur laquelle on opere, qui doit décider de la quantité d'eau qu'on doit donner à la cuite.

D'après tout ceci, je crois qu'on ne doit pas craindre d'établir pour regle générale de donner dans tous les raffinages une quantité d'eau égale au poids des matieres, & de la maintenir par des rafraîchissemens continuels.

Indépendamment de la sûreté où l'on sera d'un plus parfait dépouillement du sel marin, les cristallisations en seront plus belles ; & s'il est vrai qu'un sel jouît plus de ses propriétés à mesure qu'il est mieux cristallisé, les Salpêtres seront à cet égard bien supérieurs pour la fabrication de la poudre à ceux des raffinages actuels, qui sont plutôt des congélations que des cristallisations.

Je fais que les Maîtres Poudriers ne feront pas de mon avis ; car ils rejettent foigneufement le Salpêtre bien criftallifé, qu'ils appellent en *baguettes*, & qu'ils abandonnent aux Apothicaires, prétendant qu'il ne peut faire que de mauvaife poudre. Mais comme le Salpêtre fortiroit alors de la regle générale de tous les fels neutres, je ne puis adopter ce fentiment extraordinaire, fans que l'expérience me l'ait prouvé. Or je doute que cette expérience ait été faite ; & fi elle l'a été, il fe peut fort bien qu'on ait attribué à la criftallifation ce qu'on auroit dû attribuer à l'humidité de ces criftaux. Car il eft tout fimple qu'étant plus épais, ils foient plus difficiles à fécher ; mais il ne feroit pas difficile de prendre plus de précautions pour le féchement, fi réellement le Salpêtre bien criftallifé valoit mieux pour la poudre, comme il eft naturel de le préfumer, à moins qu'on ne croie que l'eau de fa criftallifation eft étrangere & même embarraffante dans la détonation.

Au refte, fi l'expérience, qui eft au-
deffus des raifonnemens, venoit à démon-
trer que le Salpêtre bien criftallifé & parfaitement fec, eft inférieur pour la fabrication de la poudre à celui de trois cuites
ordinaires, on en fera quitte pour donner
un troifieme raffinage, où l'on ne donnera que cinquante pour cent d'eau, &
même vingt-cinq, & même point du tout;
ou l'on réduiroit le Salpêtre en criftal minéral, fi l'expérience démontroit que c'eft
la forte de Salpêtre préférable pour la
fabrication de la poudre ; ce qu'on ne
peut pas préfumer.

Tout cela fans doute méritoit des expériences ; je ne fache pas qu'on les ait
jamais faites. Je les aurois tentées, fi
j'avois eu la difpofition d'un moulin à
poudre & du temps.

Je ne dois pas oublier de parler à cette
occafion de ce que l'expérience m'a appris fur le féchement des Salpêtres. Il
arrive fouvent que dans les raffineries on
entonne les pains après deux mois de fé-

jour dans un féchoir fouvent mal difpofé, humide & mal aëré. J'ai effayé de ces Salpêtres fur le feu ; ils crachoient avec force. Le Raffineur croyoit que j'avois rencontré des endroits marqués de fel marin. J'ai fait fécher le Salpêtre fur ma cheminée après l'avoir écrafé ; & il n'a plus craché.

Il faut encore prévenir que l'action du feu ne fupplée pas à celle de l'air, du moins en peu de temps, quelque violente même qu'elle foit. J'ai mis du Salpêtre tout humide en criftal minéral, je l'ai tenu fondu pendant un quart d'heure & même deux fois entr'autres pendant une demi - heure ; ce criftal minéral refroidi & effayé fur les charbons crachoit encore. On peut juger de la force avec laquelle le Salpêtre retient l'humidité , & quelles précautions on doit prendre pour s'affurer de fon féchement. Auffi je voudrois que tous les féchoirs fuffent bien aërés comme celui de Paris, mais planchéiés & affez vaftes , à proportion du travail de la raffinerie, pour que les Salpêtres y fuſſent au moins un an avant d'être entonnés.

Dans les cas preſſés, je crois qu'il faudroit concaſſer les pains, étendre le Salpêtre dans des greniers bien ouverts, & le retourner comme on fait le bled.

Les raffinages laiſſent des écumes & des eaux. Toutes ces déjeƈtions ſe mettent à part, & lorſqu'on a une certaine quantité de chacune, on les traite. Je n'ai rien à dire ſur le traitement des écumes, qui ne rentre dans ce que j'ai dit du premier raffinage ; mais les eaux demandent un article à part.

De quelle maniere on doit traiter les eaux de ſeconde & de troiſieme cuite, d'après les expériences précédentes.

En donnant cent pour cent d'eau dans les raffinages, mon objet principal, relativement au ſel marin, étoit d'en empêcher la précipitation & de le tenir dans la cuite. Mais dans le traitement des eaux il n'eſt pas queſtion d'empêcher ce précipité, puiſque ce n'eſt que par-là qu'on peut ſéparer le ſel marin du Salpêtre qui eſt diſſous avec lui. D'après les expériences & les réflexions précédentes, voici la maniere que je crois la meilleure pour diriger ce traitement.

Après qu'on aura bien dégraissé par la colle, ou par le rapuroir, ou par l'un & par l'autre, ce qui est encore mieux, comme je l'ai fait voir au sujet du travail des Salpêtriers, il faut laisser réduire la cuite & former les dépôts de sel marin qu'on enlevera à mesure, jusqu'à ce que par l'évaporation elle donne un essai de Salpêtre convenable : alors on retirera le feu, & on enlevera pour la derniere fois tout le sel marin qui sera au fond de la chaudiere. Mais pour éviter que par le refroidissement & par l'évaporation qui a lieu dans la chaudiere dans le temps qu'on tire la cuite, & même encore un peu lorsqu'elle est dans les bassins ; pour éviter, dis-je, que le sel marin ne continue à se déposer, ce qui altéreroit considérablement le corps des pains & sur-tout leur base, comme nous l'avons prouvé tant de fois, il faut verser dans la chaudiere une quantité d'eau qui soit assez considérable pour arrêter le dé-

pôt

pôt du fel , & pour empêcher qu'il n'ait lieu dans les baffins.

Cette quantité fera facile à eftimer fur la rapidité avec laquelle les dépôts fe feront formés dans le cours de l'opération ; & l'on fent bien qu'il vaut mieux aller un peu au-delà , que de fe trouver en arriere.

Mais comme cette quantité d'eau , qui, fuivant la force des dépôts , pourroit devenir confidérable relativement à la cuite , ne manqueroit pas , fi elle étoit froide , d'occafionner un précipité de Salpêtre qui doit toujours arriver dans les refroidiffemens fubits de diffolutions de Salpêtre, & que le Raffineur prendroit fûrement pour du fel , il vaut mieux lui prefcrire d'employer de l'eau bouillante pour ce dernier rafraîchiffement.

Il eft vrai que par cette méthode on tirera fort peu dé Salpêtre des eaux ; mais on le tirera fûrement beaucoup plus pur qu'on ne fait , fi l'on én juge fur - tout par les Salpêtres que les cuites d'eaux & nos expériences nous ont donnés. Car

G

tous les Salpêtres provenans de ces cuites d'eaux ont toujours annoncé au moins un quart de sel ; & cependant ces cuites étoient menées avec bien plus de ménagement, & portées à un degré de rapprochement beaucoup moins grand que les Raffineurs ne portent leurs eaux , & par-dessus cela elles étoient entiérement pures de matieres grasses.

Au reste il ne faut pas oublier que nous avons fait voir qu'en supposant ces eaux pures de matieres grasses, de sels déliquescens, qui en font toujours une bonne partie , & uniquement saturées par le sel marin & par le Salpêtre , elles ne peuvent tenir de ce dernier sel que les deux neuviemes de leurs poids dans une saison tempérée, & un douzieme par les temps de gelée. Ainsi l'on doit se consoler d'en tirer fort peu de Salpêtre, parce que réellement elles en tiennent fort peu.

Expériences sur le traitement des eaux-grasses.

Les eaux qui restent dans les bassins après la cristallisation de ces cuites d'eaux-meres s'appellent *eaux grasses*. Les Raffineurs ne les traitent pas ; ils les vendent aux Apothicaires qui en font la Magnéfie, & aux Salpêtriers qui les jettent fur leurs terres pour les amender. Comme j'avois entendu des perfonnes éclairées accufer les Raffineurs d'ignorance, de ce qu'ils ne tiroient pas un autre parti de ces *eaux graffes*, j'ai voulu effayer de les amener à criftallifation.

Je les ai d'abord fait bouillir avec de bonnes cendres pour les dégraiffer, leur donner de l'alcali qui les débarraffât de cette immenfité de terre que l'opération de la Magnéfie y découvre, & qui fait la principale caufe du refus qu'elles font de criftallifer ; j'ai enfuite décanté, j'ai rendu de l'eau, j'ai collé, j'ai encore fait repaffer la cuite fur de nouvelles cendres ; j'ai décanté enfin pour mettre criftallifer ; j'ai eu environ une livre de Salpêtre fort roux, fort gras, d'un ton-neau d'eaux graffes pour lequel j'avois employé environ trente fous de cendres : d'où j'ai conclu que la criftallifation de ces eaux graſſes étoit poſſible , mais qu'il s'en falloit de beaucoup qu'elle fût avantageuſe , & que conſéquemment il falloit y renoncer , & laiſſer le Raffineur continuer l'uſage qu'il en fait.

S'il eſt poſſible de raffiner le Salpêtre en une fois.

Pour terminer tout ce qui appartient au raffinage du Salpêtre , je crois qu'il ne ſera pas inutile d'examiner la queſtion qu'il eſt naturel de ſe faire , & que je me ſuis faite à moi-même dans les premiers temps que je me ſuis occupé de ce genre de travail ; ſi l'on ne pourroit pas raffiner le Salpêtre en une fois.

Pour réſoudre cette queſtion il faut enviſager ſéparément les deux objets que l'on ſe propoſe dans le raffinage du Salpêtre brut, la purification du ſel , & celle des matieres graſſes.

Quant à la purification du ſel , il eſt bien démontré par le grand nombre d'expériences dont j'ai rendu compte ſur cet objet, que, loin de ſe faire en une ſeule opération, elle ne ſe fait que très-imparfaitement en deux , avec quelqu'intelli-

gence & quelque foin qu'on opere ; &
qu'en fuppofant les Salpêtres bruts tenanr
vingt-cinq pour cent de fel, comme on
le doit généralement, ils en tiendront
après deux raffinages encore cinq à fix
pour cent.

La purification des matieres graffes
fouffre moins de difficultés, à caufe de
la moindre affinité qui regne entre ces
matieres & celles du Salpêtre ; & l'on a
vu que le Raffineur de Lorraine en tient
fon Salpêtre affez net aux deux raffinages.

J'ai voulu voir fi à cet égard au moins
il feroit poffible de rendre le Salpêtre
auffi net en une fois qu'il le devient en
deux. J'avoue que je ne me fuis fervi
que des moyens ordinaires, l'eau, la colle
& l'ébulition. J'ai répété très-fouvent
les rafraîchiffemens d'eau & de colle ;
j'ai ménagé l'ébulition ; j'ai laiffé ma cuite
fur le feu quatre fois plus de temps qu'elle
n'y feroit reftée pour un premier raffinage
ordinaire ; & le réfultat a été que j'ai eu
un Salpêtre un peu moins jaune, mais

plus gras, plus déliquefcent que les Salpêtres de feconde cuite, & qu'au lieu
d'avoir environ vingt pour cent de déchet, comme un premier raffinage le
donne, j'ai eu un quatre-vingt cinquieme
pour cent.

Les réfultats que j'avois eus, en puri-
fiant la premiere cuite par la chaux, m'ont
fait croire que fi je me fervois de cet
interméde pour dégraiffer le Salpêtre brut,
j'y pourrois parvenir en une fois, fans
avoir même beaucoup de déchets. Mais
j'étois trop convaincu par ces mêmes
réfultats que la chaux, en enlevant au Salpêtre fes matieres graffes, lui rendoit des
parties terreufes qui fe mêloient dans la
criftallifation, faifoient corps étranger, y
attiroient l'humidité, & faifoit un Salpêtre
déliquefcent comme celui de M. Julien.

Je crois donc qu'il faut renoncer à
raffiner le Salpêtre en une fois, le fup-
pofât-t'on même pur de fel. D'ailleurs
que gagneroit-on ? Ce ne feroit certainement pas fur les déchets; car les déchets

dans les raffinages portent très - peu fur la matiere du Salpêtre. On n'auroit d'autre gain que celui de la main d'œuvre du fecond raffinage. Cet avantage n'allant pas à un liard par livre de Salpêtre, ne mérite pas qu'on faffe de grandes recherches pour l'obtenir.

Il faut d'ailleurs fonger que le dégraiffage du Salpêtre & la féparation du fel font moins l'ouvrage de l'Ouvrier que celui du Salpêtre lui-même. L'Ouvrier ne fait à ces deux égards que donner la facilité aux molécules du Salpêtre de fe détacher des molécules graffes ou falines qui leur font étrangeres, pour fuivre la tendance qu'elles ont à s'unir entr'elles, tendance qu'il faut reconnoître dans toutes les parties de matiere femblable , qui fait le principe de toutes les compofitions & décompofitions qui ont lieu dans la nature & dans les Arts. C'eft ainfi du moins que j'ai fini par envifager la purification du Salpêtre ; & cette réflexion m'a paru propre à épargner bien des épreuves inutiles.　　　　G 4

De quelle maniere j'envifage en général le raffinage du Salpêtre. Conclufion.

Voilà tout ce que mes expériences & mes réflexions m'ont pu offrir fur l'extraction & fur le raffinage du Salpêtre. Quoique ces expériences aient été faites avec foin, & que les principales aient été répétées quatre à cinq fois, je crois qu'il feroit néceffaire de les répéter plus en grand, en prenant pour bafe des quintaux, par exemple, au lieu de livres, comme j'ai fait ; avant de rien changer aux opérations des Salpêtriers & des Raffineurs. Mais c'eft maintenant ce qui paffe mon pouvoir, & ce qui cependant eft très-important, fi l'on veut avoir de la poudre plus active, & fur-tout moins altérable dans les magafins & à l'armée, où étant bien plus expofée à l'action de l'air, elle fe détruit par l'humidité que le fel marin, exiftant dans le Salpêtre qui la compofe, y attire fans ceffe, comme je l'ai fait voir.

Au refte j'ai des raifons fortes de croire que les défauts du Salpêtre corrigés, il en reftera encore de très-importans dans la maniere de préparer le charbon dans les dosages des matieres, les séchemens, les rabattages, & tout ce qui tient à la fabrication de la poudre. Mais comme tout cet examen & les corrections qui pourroient s'enfuivre, ne peuvent avoir lieu que lorfque j'aurai pu travailler à ma fantaifie dans un moulin à poudre, je me fuis borné à ce qui appartient au Sal-pêtre, en attendant que je puiffe enfin obtenir la grace d'étendre mes tentatives fur les autres compofans de la poudre, & donner à mon travail toute l'étendue avec laquelle je l'ai conçu.

EXTRAIT

DES REGISTRES

DE L'ACADÉMIE ROYALE

DES SCIENCES,

Du 29 Février 1774.

Nous avons examiné, par ordre de l'Académie, un Mémoire présenté par **M.** Tronſon du Coudray, Capitaine au Corps Royal d'Artillerie, Auteur de pluſieurs autres Mémoires que l'Académie a jugés dignes de ſes éloges.

Dans ce nouvel Ouvrage, **M.** du Coudray traite de la meilleure maniere d'extraire & de raffiner le Salpêtre, pour parvenir à compoſer des poudres plus actives, & moins ſujettes à ſe gâter dans les magaſins du Roi, objet important pour l'Artillerie, qui ne l'eſt pas moins pour l'intérêt de Sa Majeſté.

L'Auteur, après avoir acquis toutes les connoiſſances néceſſaires pour porter dans la fabrication du Salpêtre toutes les lumieres qu'on peut tirer de la Phyſique & de la Chymie, a parcouru & examiné avec ſoin les différens atteliers établis dans le Royaume pour la préparation du Salpêtre. Il a vu avec étonnement que nos Salpêtriers n'avoient point de pratiques conſtantes, qu'aucun n'étoit en état de rendre raiſon des différens procédés qu'ils exécutoient, & qu'en conſéquence il ſortoit des différentes fabriques de Paris, de Languedoc & de Lorraine, des Salpêtres de différentes qualités. Cette conſidération étoit ſuffiſante pour déterminer un Phyſicien éclairé & laborieux à étudier ſucceſſivement tous les procédés de cet art, à ſe rendre compte des différentes pratiques uſitées, à balancer leurs avantages & leurs défauts, enfin à exécuter toutes les expériences néceſſaires,

pour reconnoître & déterminer dans chaque partie de cette fabrication la meilleure maniere d'opérer.

A Paris on mêle des cendres aux platras pour les lessiver ; on dégraisse la lessive pendant la premiere cuite, en y jet-
tant de la colle de Flandre. En Lorraine
on lessive les platras sans y mêler des cendres, mais on la fait passer sur des cendres
lorsqu'elle est cuite pour la dégraisser.
En Languedoc on lessive les platras sans
aucune addition , & la lessive étant réduite
à moitié , on la passe sur des cendres de
tamarisc, qui , suivant les observations de
M. Venel & celles de M. Montet, ne contiennent pas un atôme d'alcali fixe de plusieurs endroits de l'Allemagne, on ajoute
de la chaux aux cendres qu'on lessive avec
le platras. A Upsal, on n'emploie point de
cendres pour l'extraction du Salpêtre.
Voilà des différences remarquables dans
des procédés chymiques qui tendent au
même but. Les cendres, la chaux sont-
elles nécessaires pour avoir le Salpêtre ?

Ce fel exifte-t'il tout formé dans les platras avec fa bafe d'alcali végétal, ou cette
matiere premiere ne contient-elle, comme
plufieurs Auteurs l'ont penfé, que l'acide
nitreux, auquel il faut préfenter une bafe
alcaline, foit pour former le Salpêtre, foit
pour en augmenter la quantité. Ces différens problêmes font réfolus ici par des
expériences nombreufes faites avec foin,
& réitérées. M. du Coudray ayant fait
piler une quantité de platras, & l'ayant
fait remuer long-temps, pour que tout
fût exactemenr mêlé, a partagé la maffe
en trois portions égales, qu'il a leffivées
féparement, l'une avec des cendres de
bois neuf, l'autre avec des cendres & de
la chaux, la troifieme fans cendres ni
chaux. Il a fait cuire des quantités égales
des trois leffives au même point de concentration, & les a mifes à criftallifer.
Ces expériences lui ont démontré, 1°. que
l'addition des cendres, c'eft-à-dire, de
leur alcali n'eft pas néceffaire pour l'extraction du Salpêtre, que ce fel y eft tout

formé dans le platras comme dans les plantes nitreufes, qu'il y forme un fel neutre à bafe d'alcaline végétal; 2°. que les platras leffivés fans addition, comme on le pratique à Upfal, fourniffent une plus grande quantité de matieres falines que quand on y joint les cendres ou la chaux; mais que cet excès de poids vient d'une quantité de nitre à bafe terreufe & des matieres qui y reftent, lorfque les cendres ou la chaux ne font point mêlées avec les platras, & qu'ainfi cette leffive eft moins pure que les deux autres; 2°. que l'addition de la chaux ne fert qu'à rendre la leffive moins graffe & le fel plus blanc, mais que cette blancheur altere la qualité du Salpêtre. Les parties de la chaux qui font très-divifées dans la leffive fe joignent & s'attachent pendant la criftallifation aux lamines du Salpêtre, en forte qu'elles fe trouvent prifes dans les criftaux de ce fel ; ce qui nuit à leur tranfparence, & dénonce leur impureté. Il en réfulte un inconvénient plus confidérable, c'eſt que les particules de chaux attirant l'humidité de l'air , de même que le nitre à baſe terreuſe , le Salpêtre auquel elles ſont jointes , ne peut jamais faire une bonne poudre. Ce ſel a le même défaut lorſqu'il y reſte beaucoup de ſel marin , celui - ci tombant en déliqueſ-cence.

Les mêmes expériences ont fait con-noître à l'Auteur que l'addition des cen-dres eſt néceſſaire pour ſéparer le ſel marin du Salpêtre. Dans les atteliers de Paris , où l'on joint aux platras un tiers de cendres , le ſel marin tombe dès la premiere cuite. En Lorraine , on ne fait paſſer la leſſive ſur les cendres qu'après l'avoir concentrée au feu; elle ſe dégraiſſe & ſe clarifie en paſſant à travers les cen-dres , & lorſqu'on vient à lui donner une ſeconde cuite , les particules de ſel marin n'étant plus embarraſſées par les graiſſes , ſe rapprochent & s'uniſſent en molécules aſſez peſantes pour ſe préci-piter au fond de la chaudiere. Lorſqu'il ne s'en précipite plus , on décante la leſſive qui ſurnage , & on la met à criſ-talliſer ; l'addition de la colle de Flandre aide beaucoup au dégraiſſage , elle rend cette opération plus exacte par ſon af-finité avec les matieres graſſes , elle les raſſemble & les coagule en écume à la ſurface du bain , d'où il eſt facile de les en tirer.

C'eſt ſur-tout de l'extraction exacte du ſel marin que dépend la bonté de la pou-dre ; ce ſel étranger empêche l'application intime des parties de ſoufre & de charbon à celles de Salpêtre ; l'action de la poudre en eſt conſidérablement diminuée ; il faut donc empêcher que ces deux ſels ne ſe criſtalliſent enſemble ; & c'eſt ce qu'on opere par l'addition des cendres & par l'application de la cólle , pourvu cepen-dant que le feu & l'évaporation ſoient bien ménagés pendant cette application. En Lorraine on ne jette la colle dans le bain que peu-à-peu , & après avoir rafraî-chi le bain à chaque fois , en y jettánt

quelques

quelques feaux d'eau froide ; on fait que le falpêtre eft beaucoup plus foluble dans l'eau chaude que dans l'eau froide, & qu'il n'en eft pas de même du fel marin. Cette vérité connue des Chymiftes eft confirmée par de nouvelles expériences que M. du Coudray a faites plus en grand pour s'en affurer. Delà dépend uniquement la féparation des deux fels, lorfque la liqueur qui les tient en diffolution eft bien dégraiffée ; une forte ébullition pouffée trop loin fait précipiter les deux fels enfemble, lorfque la liqueur eft trop concentrée ; le fel marin peut fe criftallifer dans l'eau chaude à tout degré inférieur à celui de l'eau bouillante. Il n'en eft pas de même du Salpêtre ; il ne peut fe criftallifer que par le refroidiffement de la liqueur qui l'a diffous ; il femble, dit ingénieufement M. du Coudray, que ce foient les particules de feu & non les particules d'eau qui tiennent le Salpêtre en diffolution dans cette liqueur ; il femble en effet que la liqueur qui fe refroidit,

H

enleve au sel les parties qui le diffolvent.
Lorfqu'une trop forte concentration précipite ce fel au fond des chaudieres , on
le trouve dans le même état que le criftal
minéral qui n'eft que le nitre dépouillé
de l'eau de fa criftallifation par la fufion
au creufet. Il faut donc , pour opérer la
féparation des deux fels , entretenir toujours affez d'eau dans les chaudieres pour
que le Salpêtre refte diffous pendant que
les parties du fel marin fe réuniffent & fe
criftallifent; il a fallu beaucoup d'expériences dont nous ne rapporterons point
ici le détail, tant fur les deux folutions
traitées féparément , que fur leur mélange , mis au feu & évaporé , pour parvenir à connoître précifément ce qu'une
quantité déterminée d'eau donnée peut
diffoudre de chacun des deux fels , tant
à chaud qu'à froid , & celle que cette
même quantité d'eau peut diffoudre des
deux fels enfemble ; c'eft fur-tout ce point
qu'il falloit étudier pour déterminer la
quantité d'eau qu'il faut entretenir pen-

dant les cuites. Une longue fuite d'expériences a fait connoître à M. Tronfon du
Coudray qu'il faut donner & entretenir
dans les raffinages, par de fréquens rafraîchiffemens, une quantité d'eau égale
au poids des matieres qu'on a mifes dans la
chaudiere, & il en fait une regle générale
pour conduire l'opération du raffinage. Il
fe fert des mêmes expériences pour dé-
montrer plufieurs autres vérités phyfiques
utiles à l'Art qu'il traite ; 1°. que le fel
des fontaines falées , tel que le fel de
Dieuze en Lorraine , eft plus foluble que
le fel des marais falans , à caufe des parties terreufes & bitumineufes qui retar-
dent l'action de l'eau fur le fel de mer ,
qu'il faut trois livres d'eau pour diffoudre
une livre de fel de Lorraine , & qu'il en
faut quatre livres pour diffoudre une livre
de fel de marais. 2°. Que l'eau chaudeprend
quatre gros par livre de fel marin de plus
que l'eau froide ; quantité qui tombe à
mefure que l'eau refroidit. Cette différence
eft d'un trente-deuxieme fur le fel de Lor-

raine ; elle n'eft que d'un trente - fixieme fur le fel de mer. A l'égard du Salpêtre, il réfulte des mêmes expériences de **M. du Coudray**, qu'il faut employer huit livres d'eau pure pour diffoudre à froid une livre de Salpêtre, la température étant à trois degrés au-deffus du terme de la glace ; mais que trois livres d'eau fuffifent pour diffoudre le même poids dans un air tempéré. Pour les grandes chaleurs de l'été, l'Auteur trouve, comme feu **M. Petit**, Membre de l'Académie, que deux livres d'eau peuvent tenir dix livres de Salpêtre en diffolution. Ainfi la quantité de Salpêtre diffous dépend du degré de chaleur de l'eau, & cette quantité varie depuis le terme de la gelée, jufqu'à celui de l'eau bouillante. La criftallifation s'opérant ici par le refroidiffement, doit fe faire à raifon de l'excès du fel fur la quantité d'eau dans laquelle il nage relativement à la température de cette eau. Ces principes bien établis fervent à expliquer tous les phénomenes qui fe préfentent dans la criftallifation des deux fels traités enfemble ou féparément. On voit pourquoi les criftallifations font d'autant plus belles, & les criftaux d'autant plus purs, que la quantité d'eau eft plus grande, & que le refroidiffement eft plus lent; on voit que le Salpêtre doit donner de plus gros criftaux dans un air tempéré que dans un temps de gelée, parce que la liqueur a plus d'eau fuperflue quand l'air eft plus chaud; d'où il réfulte que la criftallifation s'opere dans un milieu moins condenfé, où les molécules falines nageant avec plus de liberté, s'uniffent plus réguliérement & fans confufion; on peut toujours juger de la bonté du Salpêtre par la pureté de fa tranfparence & la limpidité de fes criftaux. Le mélange des graiffes le rend jaunâtre. Le mélange du fel marin le rend blanchâtre & farineux.

Une autre fuite d'expériences a mis l'Auteur en état de juger à peu près de la quantité de fel marin qui refte unie au Salpêtre jufqu'à la dofe d'un fixieme ou environ. S'ils font mêlés en parties égales, le mélange mis fur des charbons ardens, rougit & bouillonne, fans donner aucune flamme. Il ne fufe point & finit par enduire le charbon d'un beau verre blanc provenant de l'alcali marin fondu complettement. Deux parties de Salpêtre contre une de fel donnent en bouillonnant une détonation lente qui laiffe après elle une pareille vitrification. A fix parties de Salpêtre contre une de fel marin, la détonation eft encore précédée de bouillonnement; mais il ne refte plus de verre blanc fur le charbon. Enfin fi le mélange eft de fept parties contre une, tous ces indices difparoiffent, & l'effet eft le même en apparence que fi le Salpêtre étoit pur. L'Auteur en conclut qu'on fe trompe beaucoup en jugeant que le Salpêtre eft pur, lorfqu'il fufe fur les charbons fans décrépiter.

Les mélanges qu'il a faits en différentes proportions des deux fels diffous dans l'eau pour les cuire enfemble, & les féparer avec toute l'exactitude poſſible; lui ont appris qu'une ſolution ſaturée de ſel marin ne diſſout dans un air tempéré que les deux tiers du Salpêtre que peut diſſoudre pareil poids d'eau pure ; qu'ainſi en cet état elle ne diſſout que les deux neuviemes de ſon poids de Salpêtre, & un douzieme ſeulement dans les temps de gelée ; qu'une ſolution ſaturée de ſel marin & de Salpêtre ſe précipite dès les premiers bouillons de la liqueur, d'où il ſuit que quand on travaille ſur une diſſolution où le ſel & le Salpetre ſont comme trois à deux, il eſt impoſſible de les ſéparer ; qu'un Salpêtre bien purgé de matieres graſſes, cuit à grande eau avec toutes les précautions néceſſaires, s'il contient cinquante pour cent de ſel marin, en retiendra vingt-cinq à trente pour cent, tellement mêlé dans le corps de la criſtalliſation, qu'il ne ſera ſenſible ni au goût ni à la vue, ſi ce n'eſt vers la baſe du pain de Salpêtre; qu'enfin un Salpêtre qui contiendroit vingt pour cent de ſel marin, étant raffiné suivant l'art & traité avec soin, contiendra encore, après le raffinage, neuf à dix pour cent de sel marin. M. Tronson du Coudray trouve qu'en procédant de la maniere la plus favorable, on ne peut parvenir qu'à enlever moitié environ de sel marin par chaque cuite ; que le sel marin qui se précipite pendant les cuites n'est jamais pur; qu'il contient toujours du Salpêtre plus ou moins, ce qui dépend de l'état de concentration plus ou moins grand de la lessive.

Il est aisé d'appercevoir combien ces différentes connoissances sont importantes pour bien diriger les cuites du Salpêtre dans les atteliers, pour en supprimer toutes les additions inutiles ou préjudiciables, telles que celle de la chaux, ou celle de l'alun, ou celle du sel ammoniac que l'on joint à la lessive dans quelques atteliers ; on sent combien les principes établis ci - dessus sont nécessaires pour bien opérer la séparation des graisses &

celle du fel marin qui font les deux points principaux de cette fabrication ; toute la théorie des opérations qui y concourent, eft développée dans ce Mémoire de la façon la plus lumineufe & la plus précife. Il feroit fort à fouhaiter que le miniftere mît l'Auteur à portée de réitérer fur des quintaux de Salpêtre & de fel marin les expériences qu'il n'a pu faire que fur quelques livres de ces deux fels. Il eft certain qu'on ne peut faire de bonne poudre qu'avec de très-bon Salpêtre , & qu'en perfectionnant fur ces principes l'extraction , la cuite & le raffinage de ce fel , pour paffer enfuite à l'examen de la fabrication de la poudre , on parviendroit aifément à la rendre plus vive & plus durable. Nous penfons que cet Ouvrage de M. Tronfon du Coudray mérite d'être publié dans le Recueil des Mémoires approuvés par l'Académie. *Signés* , DE MONTIGNY & MACQUER.

Je certifie l'extrait ci-dessus conforme à l'original & au jugement de l'Académie ; à Paris, le 28 Juillet 1774.

GRANDJEAN DE FOUCHY, Secrétaire perpétuel de l'Académie Royale des Sciences.